VIC TESOLIN

EINFACH HOLZWERKEN!

Die wichtigsten Handwerkzeuge und clevere Projekte für die kleine Werkstatt

IMPRESSUM

Deutsche Ausgabe:

„Einfach Holzwerken! - Die wichtigsten Handwerkzeuge und clevere Projekte für die kleine Werkstatt"

Übersetzung:
Michael Auwers
Druck und Bindung:
Grafisches Centrum Cuno GmbH & Co. KG, Calbe (Saale)

ISBN 978-3-86630-543-4
Best.-Nr. 20488

HolzWerken
Ein Imprint von Vincentz Network GmbH & Co. KG
Plathnerstr. 4c, 30175 Hannover
www.holzwerken.net

Für meine Mädchen, Christina und Alex.
Danke, dass Ihr mich geistig gesund haltet.
... eine schwierige Aufgabe, ich weiß.

Wissen ist nur ein Gerücht, bis es in den Muskeln sitzt.
– Sprichwort aus Papua Neuguinea

INHALT

Weitere Materialien kostenlos online verfügbar!

http://www.holzwerken.net/bonus

Ihr exklusiver Bonus an Informationen!

Ergänzend zu diesem Buch bietet Ihnen *HolzWerken* Bonus-Materialien zum Download an.
Scannen Sie den QR-Code oder geben Sie den Buch Code unter www.holzwerken.net/bonus ein und erhalten Sie kostenfreien Zugang zu Ihren persönlichen Bonus-Materialien!

Buch-Code: TE1018

VORWORT

von Tom Fidgen

Der minimalistische Holzwerker ... OK.
Holzwerker. Die meisten von uns können sich darunter etwas vorstellen. Aber ‚minimalistisch'?
Versuchen wir einmal, es auf das wirklich Wesentlich zu reduzieren; den Kern freizulegen. Im Wörterbuch liest man:

> **minimalistisch:** *Adjektiv,* geringfügig, in geringem Ausmaß. In der Kunst die Verwendung von einfachen Formen oder Strukturen. In der Musik die Wiederholung und allmähliche Veränderung kurzer Phrasen.

Meine Interpretation: minimalistisch ist dort, wo wir alle anfangen - nackt und schreiend. Ich finde, das ist ein guter Anfangspunkt, oder? Kann man so bleiben, wenn man erwachsen wird? Vielleicht nicht die beste Idee. Kann man mit einer minimalistischen Einstellung und Praxis leben und arbeiten? Natürlich kann man das - aber es ist vielleicht etwas schwieriger als man denken mag. Glücklicherweise hat Vic es soeben etwas leichter gemacht, die Fährnisse der Werkstatt zu durchschiffen.

Man sollte denken, er ist leicht, dieser ganze minimalistische Ansatz, die Verschwendung und die Ablenkungen einfach fahren zu lassen. Die nackte Wahrheit ist aber: Wir haben uns daran gewöhnt, mehr zu besitzen. Viel zu besitzen, zu viel zu besitzen! Nicht immer im physischen Sinne, im Regal und auf dem Fußboden, sondern in dem Abfallbehälter zwischen den eigenen Ohren - da fängt es an. Wir haben alle die Fähigkeit, den weniger ausgetretenen Pfad zu beschreiten. Wir können uns dazu entscheiden „Nein" zu sagen, wann immer wir so weit sind. Wir können herstellen, anstatt zu kaufen. Wir können reparieren, anstatt neu anzuschaffen. Immer und immer wieder.

Für den minimalistischen Denker, für den minimalistischen Arbeiter, den minimalistischen Holzwerker – Reduziert es alles auf das Grundlegende – atmet ein, atmet aus, stellt einen Fuß vor den anderen. Sucht Euch aus, wo Ihr kämpfen wollt. Denkt lange und intensiv nach, bevor Ihr etwas in Euer Heim und in Euer Leben bringt. Und vergesst die Werkstatt nicht! Das Holz, das Ihr in der Werkstatt verwendet; wo Ihr es bezieht, wie die Bäume gefällt werden. Die Werkzeuge, die Ihr in den Händen haltet. Sogar die Verbindungen, mit denen Eure Arbeiten zusammengehalten werden. Wie lange mag all das überdauern?

Ist das wichtig? Es sollte wichtig sein. Zumindest Euch, die Ihr es hergestellt habt. Wird jemand anderes diese Dinge ersetzen müssen? Diese Werkzeuge? Diese Werkbank? Ist es eine Verbesserung? Können wir es etwas besser machen?

Dieses Buch kann helfen. Wenn nicht wörtlich minimalistisch als Teil der Werkzeugausstattung, dann metaphorisch im Geist des Handwerks. Der minimalistische Holzwerker – ich erhebe mein Glas!

Mache jeden Tag zu einem Meisterwerk.
Tom Fidgen, The Unplugged Woodshop – Toronto, Oktober 2015

EINLEITUNG

Man muss keine einzige Maschine, kein einziges Elektrowerkzeug besitzen, um Holz zu bearbeiten. So. Jetzt ist es raus. Was man benötigt, sind einige Handwerkzeuge und ein Raum von etwa vier Quadratmetern. Dann hat man schon alles, um mit dem ersten Werkstück zu beginnen. Der Platzbedarf fällt sogar noch geringer aus, wenn man nur Schachteln, Löffel oder andere kleine Gegenstände herstellen möchte. Aber mit vier Quadratmetern kann man schon gut anfangen.

Das ist auch gut so. Schließlich leben viele von uns in Mietwohnungen oder kleinen Häusern, in denen nicht immer genug Platz für eine normale Werkstatt zur Verfügung steht. Sogar in größeren Häusern müssen in Kellerräumen und Garagen auch noch andere Dinge untergebracht werden. In solchen Räumen findet sich dann kein Platz für die Maschinen, die man in einer typischen Holzwerkstatt benutzt. Und können Sie sich die Reaktionen der Nachbarn vorstellen, wenn Sie in einem Mehrfamilienhaus die elektrische Handoberfräse und die große Staubabsauganlage anwerfen?

HANDWERK ODER MASCHINENARBEIT?

Holzbearbeitungsmaschinen und Elektrowerkzeuge sind inzwischen weitverbreitet, oft in verschiedenen Preislagen erhältlich und auch für den Einsteiger erschwinglich. Im Baumarkt erschlägt einen das Angebot schier. Und so glaubt man oft, dass sie unverzichtbar wären, um Holz zu bearbeiten.

Ich gebe ja zu, dass Maschinen nützlich sind. Aber sie sind nicht zwingend notwendig. Ich glaube, sie nehmen die Rolle ein, die einst der arme Lehrling in der Werkstatt ausfüllte: Sie machen die Arbeit, die ich nicht selbst machen möchte. So beschleunigt der Dicktenhobel das Auf-Maß-Bringen des Rohholzes zum Beispiel ungemein... aber ich brauche die Maschine nicht, um die Arbeit zu erledigen. Maschinen sind auch sehr gut für sich wiederholende Arbeiten geeignet und werden deshalb in der Produktion eingesetzt. Wenn man 25 Tische herstellen muss, lohnt sich der Zeitaufwand, eine Maschine einzurichten, um die Verbindungen zu schneiden. Wenn man aber nur einen Tisch baut? Dann lohnt sich das oft überhaupt nicht. Die meisten von uns sind nicht gewerblich arbeitende Tischler. Warum glauben wir dann, deren Produktionsmittel zu benötigen?

Ich glaube, wir sind der Legende auf den Leim gegangen, Maschinen seien genauer als Handwerkzeuge. Das mag in manchen Fällen zutreffen, aber auch dann müssen die Maschinen gepflegt und gewartet werden, um ihre Genauigkeit beizubehalten. Es stellt sich doch auch die Frage, wie genau man arbeiten muss. Holz zeichnet sich dadurch aus, dass es dauernd aus der Umgebungsluft Wasser aufnimmt oder an diese abgibt. Ein frisch eingeschnittenes Brett kann schon während der Mittagspause seine Maße ändern. Warum sollte man also mit Schieblehre und Mikrometerschraube die Abmessungen kontrollieren? Vermutlich glauben manche Menschen, dass sie ihren Mangel an Erfahrung dadurch wettmachen können, dass sie eine sehr hohe Fertigungsgenauigkeit anstreben, um zum Erfolg zu gelangen. Ich hatte einmal einen Schüler, der sich Sorgen machte, weil eine Ecke seiner Tischplatte um ein Zehntelmillimeter dicker war als die anderen! Das ist die Stärke eines Blatts Papier.

Die Maschinen, die in meiner Werkstatt stehen, ersparen mir Stunden anstrengender Arbeit. Im Zweifelsfall könnte ich aber auf sie alle verzichten und dennoch mit Holz arbeiten.

DAS GUTE AM HOLZWERKEN ALS HOBBY

Ich höre oft Holzwerker, die auf die Frage, was sie denn so in ihrer Werkstatt machen, antworten, es sei „nur ein Hobby". Ich habe ein Problem mit dem Wort „nur". Hobbyholzwerker glauben aus irgendeinem Grund, dass sie nicht so qualifiziert sind, wenn sie mit ihrer Arbeit kein Geld verdienen. Ich glaube dagegen, dass einige der besten Holzwerker unter jenen zu finden sind, die nicht dauernd unter dem Druck stehen, geschäftlich erfolgreich sein zu müssen. Als ich noch von der Möbeltischlerei lebte, machte ich mir dauernd Gedanken darüber, wann der laufende Auftrag fertig und wo der nächste herkommen würde, damit genug Geld in die Kasse käme. Als Hobbyholzwerker hat man die Freiheit, sich Neuem zuzuwenden und andere Techniken zu versuchen, ohne sich fragen zu müssen, wovon man die Miete bezahlt. Man kann sich die Zeit nehmen, seine Fertigkeiten bis zur Meisterschaft zu entwickeln. Und wenn einmal etwas nicht so wird, wie es sollte, dann bohrt man ein Loch hinein und sagt, es sei ein Vogelhäuschen.

Vor etwa drei Jahren begann ich, mit Äxten zu arbeiten. Nicht, in dem ich sie anzündete und mit ihnen jonglierte, sondern indem ich sie verwendete, um schnell Material abzutragen. Es dauerte eine Weile, bis ich gelernt hatte, eine Axt richtig zu schärfen und zu verwenden, aber nachdem ich Blut (buchstäblich) und Schweiß vergossen hatte, hatte ich den Dreh dann raus. Jetzt verwende ich recht häufig Äxte in der Werkstatt. Wenn ich vom Holzwerken hätte leben müssen, hätte ich nicht die Zeit gehabt, diese mir neue Technik zu erlernen. Ich hätte immerfort mit meinen alten Techniken arbeiten müssen, weil man für das Experimentieren nicht bezahlt wird.

HANDWERKZEUG – DIE GROSSE LIEBE?

Die meisten Werkzeuge in meiner Werkstatt haben keinen Motor. Das liegt daran, dass ich gerne mit ihnen arbeite. Ich bin nicht von ihrer Romantik bezaubert. Mir ist es egal, wer sie hergestellt hat und wo. Ich verwende die Werkzeuge, mit denen ich die anstehende Arbeit erledigen kann.

Mit Handwerkzeugen macht man kaum Lärm oder Dreck, deshalb sind sie ideal für kleine Arbeitsplätze in der Wohnung oder für jene, die nicht andauernd einen laufenden Motor hören wollen. Ich war 14 Jahre Soldat in der kanadischen Artillerie. Lärm brauche ich wirklich nie wieder.

Manchmal hört man Bedenken, die Handhabung von Handwerkzeug sei schwierig und langwierig zu erlernen. Wenn man eine elektrische Handoberfräse einstellen kann, um einen Schlitz zu schneiden, kann man auch Handwerkzeug verwenden. Allerdings muss man den Umgang damit üben. Wenn Sie dann jedoch mit einem gut eingestellten Handhobel das erste Mal einen hauchdünnen Span vom Material abgehoben haben, dann finden Sie auch die Zeit, das zu wiederholen. Danach müssen Sie dann nie wieder die Hobelschläge einer Maschine von einem Werkstück abschleifen. Gibt es eigentlich Menschen, die sich darauf freuen, das nächste Mal etwas schleifen zu müssen? Ich bezweifle es. Sie werden Ihrer Familie fehlen. Aber Ihre Familie wird auch wissen, wo sie zu finden sind. In der Werkstatt.

WERKSTÜCKE FÜR DIE WERKSTATT

Die Werkstücke dieses Buchs wurden ausgewählt, um Sie bei der Verwendung von Handwerkzeugen anzuleiten. Es sind Vorrichtungen und Einrichtungen für die Werkstatt, die Ihnen die Arbeit erleichtern werden. Jedes Werkstück erfordert bestimmte Fähigkeiten, die Ihr Repertoire erweitern und sich auf fast jedes andere denkbare Vorhaben übertragen lassen. Die Schlitz-und-Zapfen-Verbindung, die Sie für die Sägebank und den Sägebock schneiden, werden Sie immer und immer wieder verwenden, wenn Sie Möbel bauen.

Wenn man mit solchen Einrichtungsgegenständen für die Werkstatt beginnt, hat das außerdem den Vorteil, dass die Verbindungen nicht vollkommen perfekt gelingen müssen - schließlich sieht sie niemand außer Sie selbst. An der Sägebank oder am Werkzeugschrank kann man eine kleine Fuge in einer Verbindung oder einen Faserausriss hinnehmen. Wichtig ist es, aus solchen kleinen Fehlern zu lernen und es das nächste Mal besser zu machen.

Das ist natürlich nicht die einzige Art und Weise, mit Holz zu arbeiten. Es ist die Art, in der ich mit Holz arbeite. Ich glaube jedoch, dass auch Sie mit meinen Techniken zu guten Ergebnissen gelangen können. Die Techniken und die Werkstücke in diesem Buch stammen alle aus meiner eigenen Werkstatt. Die Techniken sind nicht neu; manche von ihnen sind sogar Tausende von Jahren alt. Allerdings sind sie vor etwa einem Jahrhundert, als sich alles auf die neu aufgekommenen Maschinen stürzte, fast in Vergessenheit geraten.

Im Laufe der Jahre habe ich die Spreu vom Weizen getrennt und bin zu einer Methode im Umgang mit Holz gelangt, die leicht von der Hand geht und Vergnügen bereitet. Jetzt aber genug der Worte. Ab in die Werkstatt.

Zum Verstehen gelangt man nur durch das Tun.

KAPITEL 1
EIN ARBEITSPLATZ

Wenn man sich eine Holzwerkstatt vorstellt, hat man normalerweise einen recht großen Raum vor Augen, an dessen Wänden viele Werkzeuge hängen, in dem viele Maschinen stehen und in dem überall Holz gelagert ist. Das ist zwar nur eine Art von Werkstatt, aber es ist die, die man immer in den einschlägigen Büchern und Zeitschriften sieht. Meine Werkstatt sah genauso aus, bis ich mich entschloss, den Weg des Minimalismus einzuschlagen.

Es gibt viele unter uns, die nicht als erstes eine Tischkreissäge aufstellen und dann versuchen, drumherum alles andere unterzubringen. Vor allem nicht, wenn die Raumverhältnisse beengt sind. Wie wäre es, wenn ich vorschlüge, mit gerade genug Platz für eine Werkbank in den Abmessungen 0,5 x 1,5 m und einigen Handwerkzeugen anzufangen? Hätten Sie dann genug Platz? Meine erste ‚Werkstatt' waren knappe vier Quadratmeter unter der Kellertreppe. Im ersten Drittel konnte ich nicht aufrecht stehen. Aber ich hatte eine Lochwand und Platz unter der Werkbank für das Werkzeug. Ich konnte keine großen Gegenstände herstellen, aber ich konnte überhaupt etwas herstellen. Wenn ich mir meine jetzige Werkstatt mit ihren knapp 16 Quadratmetern ansehe, kommt mir das sehr geräumig vor.

Was will ich damit sagen? Man benötigt nicht viel Platz, um Dinge aus Holz herzustellen. Man kann sogar fast überall mit Holz arbeiten. Ob es ein Keller, eine Garage, eine Speisekammer oder ein Gästezimmer ist: Nutzen Sie den Raum, der Ihnen zur Verfügung steht. Vielleicht haben Sie nur einen stabilen Küchentisch, aber eine verständnisvolle Ehefrau. Das reicht vollkommen. Wichtig ist, dass Sie sich nicht durch einen Mangel an Fläche vom Holzwerken abschrecken lassen. Ganz oben auf der Wunschliste jedes Holzwerkers finden sich immer zwei Einträge: mehr Zwingen und mehr Platz. Wenn Sie aber nur zehn Quadratmeter haben, dann nutzen Sie sie.

Im nächsten Kapitel schreibe ich ausführlicher über Werkzeuge und darüber, warum ich die ausgewählt habe, die ich benutze. Zuerst sehen wir uns aber einige minimalistische Werkstätten und ihre Grundrisse an. Falls Ihr Raum keinen von ihnen entspricht, so können Sie doch vielleicht einige der hier vorgestellten Ideen übernehmen, um Ihre eigene Werkstatt einzurichten.

MEINE KLEINE GARAGE REICHT VOLLKOMMEN AUS

Ich darf mich glücklich schätzen, fast 16 qm für meine Werkstatt nutzen zu können. Als ich begann, in dieser Garage zu arbeiten, hatte ich alle Maschinen, die ich zu benötigen glaubte. Viele von ihnen besitze ich nicht mehr, nachdem mir klar wurde, dass ich sie für die Art von Arbeiten nicht benötige, die mir Spaß machen. Die wenigen Maschinen, die ich noch habe, passen gut in den vorhandenen Raum und machen sich mehr als nützlich. Allerdings benutze ich die Maschinen und die Elektrowerkzeuge bei weitem nicht so oft wie meine Handwerkzeuge. Die Einrichtung meiner eigenen Werkstatt ist recht einfach, was effizientes Arbeiten erleichtert.

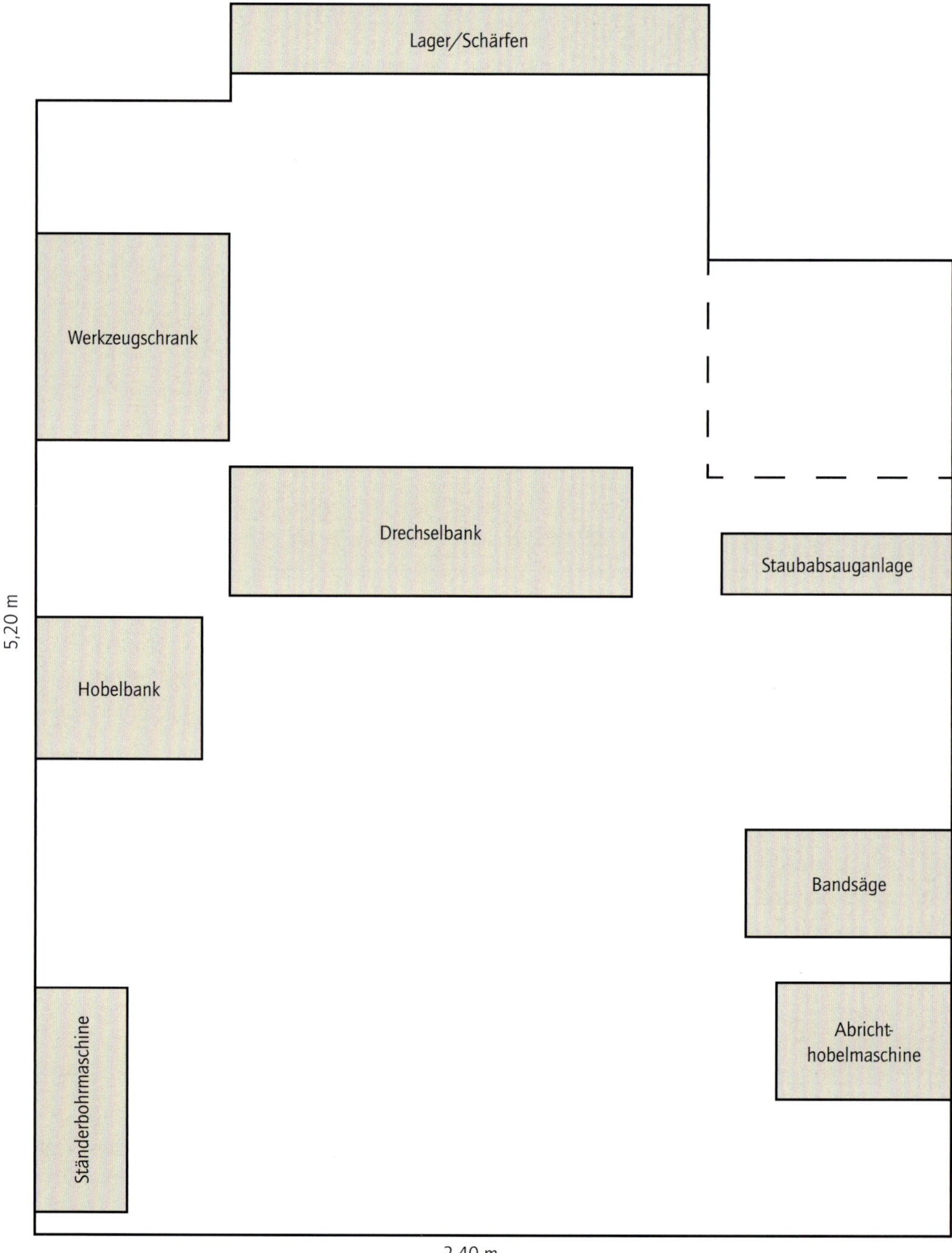

ETWAS PLATZ UNTER DER TREPPE REICHT SCHON

In vielen Wohnungen und Häusern mit mehreren Stockwerken finden sich unter der Treppe kleine ungenutzte Flächen. Jeff lebt in einer loft-ähnlichen Wohnung in der Innenstadt. Unter der Treppe, die zur oberen Etage führt, gab es einen Platz, der nicht genutzt wurde. Dort richtete er sich einen Arbeitsplatz ein. Jeff arbeitet mit Handwerkzeug, deswegen ist dieser Arbeitsplatz ideal. Handhobel und -sägen produzieren recht grobe Späne, er muss sich also keine allzu großen Sorgen über Schmutz in anderen Teilen seiner Wohnung machen.

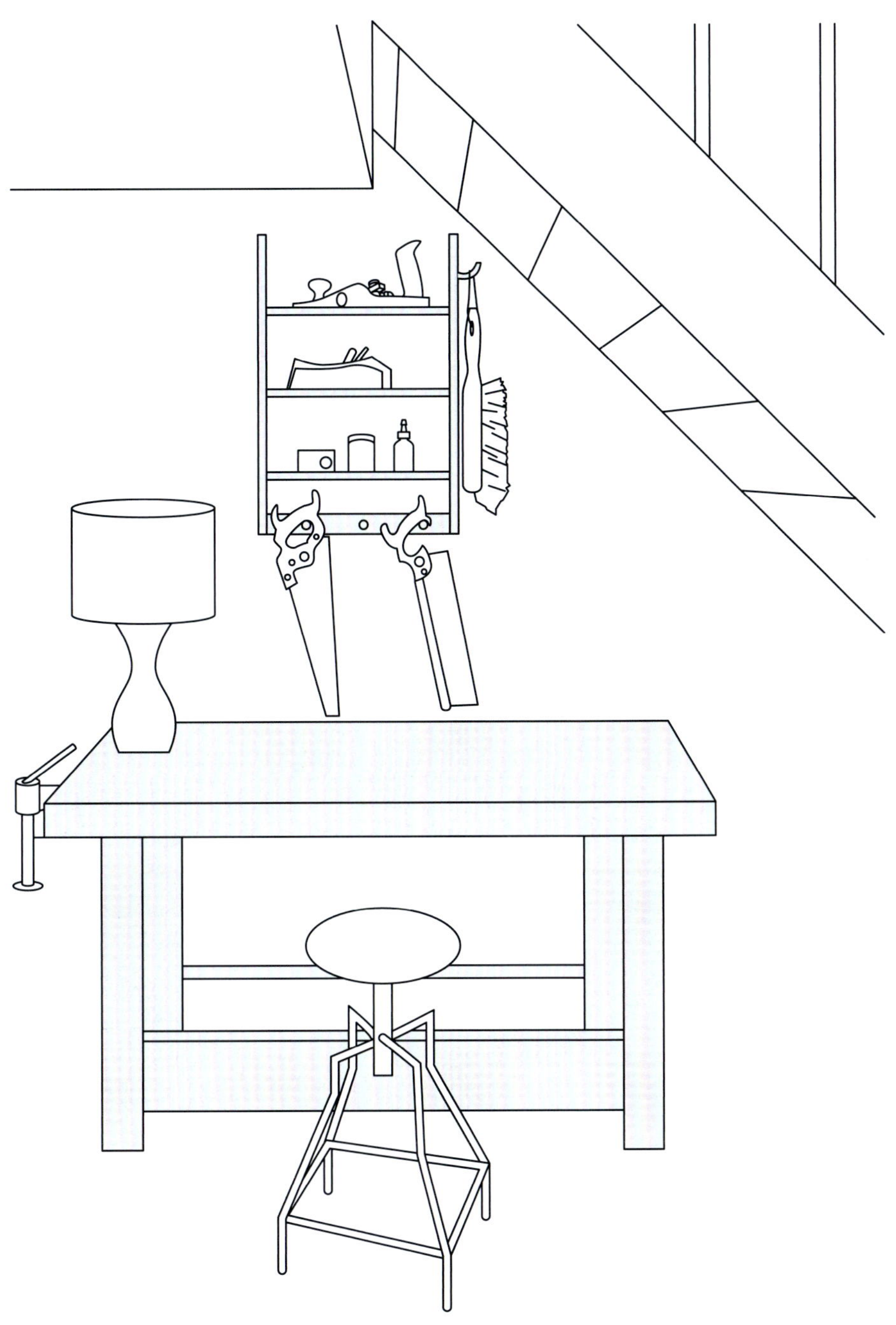

EINFACH IM WOHNZIMMER ARBEITEN

Ob in einem kleinen Apartment oder in der Ecke eines normalen Wohnzimmers: Ein Arbeitsplatz nimmt nicht viel Raum in Anspruch. Evans kleines Junggesellenapartment hat kein üppiges Raumangebot, aber wenn man unbedingt mit den Händen arbeiten möchte, dann schafft man sich den Platz. Die kleine Werkbank steht an der Wand, und das Werkzeug lagert in Schubladen in der Nähe oder auf der Ablage unter der Arbeitsfläche. Evan ist gelernter Zimmermann und Tischler. In seiner Stadtwohnung stellt er jedoch mit Handwerkzeugen Löffel her. Das große Fenster neben der Werkbank liefert das Tageslicht, das jedem Holzwerker so wichtig ist. Ein derartig reduziertes Konzept lässt sich in fast jeder Wohnung verwirklichen.

Mitte links: Eine einfache Lochbohrung in der Arbeitsfläche nimmt einen Bankhaken auf, mit dem das Werkstück fixiert wird.

unten links: Beim Hobeln der Kante wird das Brett lediglich durch den Bankhaken und das eigene Körpergewicht gehalten.

unten rechts: Evan stellt in seiner Wohnzimmerwerkstatt oft Löffel und andere Gerätschaften her, aber Schachteln und andere kleine Werkstücke lassen sich auch anfertigen.

PLATZ IST IM KLEINSTEN KELLER

Wenn im Keller nur noch ein kleiner Abstellraum oder gar nur der Heizungskeller zur Verfügung steht, dann arbeitet man halt dort. Ken ist es gelungen, eine komplette Werkstatt auf etwa 10 qm unterzubringen – sogar mit einer Tischkreissäge. In einem so kleinen Raum muss man sehr auf Ordnung bedacht sein. Man sollte sich an die alte Maxime halten, dass alles seinen Platz haben muss und dass alles immer an seinem Platz sein soll. Ken stellt ohne Problem kleine Werkstücke wie Beistelltische, Bücherregale und Schatullen her. In einer solchen Werkstatt machen sich Hängeregale oder Lochplatten an den Wänden sehr gut.

Unter beengten Verhältnissen ist es besonders wichtig, dass alles seinen Platz hat. Kens Werkzeuge sind in einem Schrank an der Wand und in einer Werkzeugtruhe untergebracht.

Wenn man sorgfältig plant, kann man auch in einem kleinen Raum eine gut ausgerüstete Werkstatt unterbringen, die sogar einige wichtige Maschinen aufweist.

Unabhängig von den Vorlieben, die man bei der Arbeit mit Holz hat, ist eine stabile Hobelbank immer der Mittelpunkt der Werkstatt.

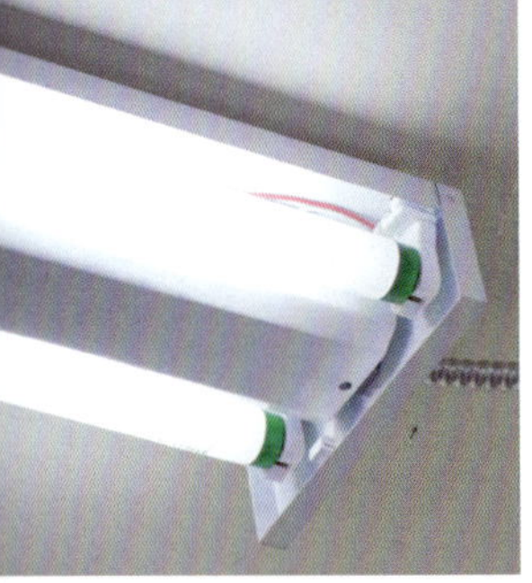

Leuchtstoffröhren sind nicht mehr notwendigerweise mit summenden Startern ausgestattet. Sogar preiswerte Leuchten können mit Tageslichtröhren ausgestattet werden, die ein warmes Licht liefern.

Kleine Maschinen wie etwa Schleifmaschinen sind oft serienmäßig mit Arbeitsleuchten ausgestattet. Falls nicht, kann man sie um preiswerte Magnetleuchten ergänzen.

Mobile LED-Leuchten mit Schwanenhals sind eine gute Lösung, wenn man ein Werkstück genauer betrachten muss.

In wärmeren Klimazonen kann schon ein einfaches Klimagerät für die Fensteröffnung ausreichen, um Luftfeuchtigkeit und Temperatur zu beherrschen.

OHNE GUTE BELEUCHTUNG GEHT ES NICHT

Wenn man sich entschließt, nur mit Handwerkzeugen zu arbeiten, ist die Beleuchtung das Einzige, für das man noch Elektrizität benötigt. Am effizientesten sind Leuchtstoffröhren, aber ich ziehe LEDs vor, die von Tag zu Tag bezahlbarer werden. So oder so sollte man eine Allgemeinbeleuchtung installieren, die den Raum ausleuchtet, und spezielle Arbeitsplatzleuchten, die als Ergänzung dienen.

Arbeitsplatzleuchten sind preiswert zu bekommen, man sollte also nicht davor zurückscheuen, sie überall anzubringen, wo man sie benötigt.

In meiner Werkstatt stehen auch einige Maschinen und eine elektrische Staubabsauganlage. Deshalb habe ich entsprechende Sicherungen angebracht, die es mir erlauben, auch mehrere Verbraucher gleichzeitig in Betrieb zu nehmen.

ARBEITSKLIMA

Es ist sehr angenehm, wenn man die Temperatur und Luftfeuchtigkeit in der Werkstatt regulieren kann. Falls Sie in einem Keller oder in einem anderen Raum im Haus arbeiten, sind die klimatischen Bedingungen die gleichen wie im Rest des Hauses und deshalb meist sehr gut für eine Holzwerkstatt geeignet. Meine eigene Werkstatt befindet sich in einem vollgedämmten Garagenanbau am Haus. Die Dämmung macht es leicht, die Werkstatt im Winter zu heizen, was in Kanada wichtig sein kann, wo Wintertemperaturen von -30 °C keine Seltenheit sind. Als Heizung genügt mir ein kleiner elektrischer Werkstattofen. Meist kann ich die Werkstatt damit auf mindestens 10 °C halten, sodass mir der Leim und die Oberflächenmittel nicht einfrieren. Wärmer mache ich es dann in der Regel nur, wenn ich Werkstücke verleime und/oder ihre

In nördlichen Gefilden reicht oft auch ein kleiner Werkstattofen, damit man nicht friert. Wenn man dann noch mit den Handwerkzeugen etwas körperlich arbeitet, kann das sicher auch nicht schaden.

Oberflächen behandle. Mir selbst macht es nichts aus, wenn es etwas kühler ist, weil mir bei der Arbeit mit Handwerkzeugen sowieso warm wird.

Im Sommer können die Außentemperaturen bis zu 30 °C erreichen, aber in der wärmegedämmten Werkstatt sind es nur etwa 25 °C. Pro-blematischer ist die hohe Luftfeuchtigkeit im Sommer. Deshalb steht in meiner Werkstatt ein Luftentfeuchter, der dafür sorgt, dass die relative Luftfeuchtigkeit etwa 50% nicht übersteigt. Schon dadurch wird das Arbeiten angenehmer, und meine Werkzeuge setzen auch keinen Flugrost an.

Es ist auch gut, wenn man die Werkstatt belüften kann, damit man bei der Oberflächenbehandlung nicht Dämpfe einatmen muss. Ich öffne dann einfach das Garagentor etwas und stelle einen kleinen Ventilator auf, der für Luftwechsel sorgt. Man kann auch eine Zwangsentlüftung installieren, wie man sie in Badezimmern findet.

SCHNELLE UND EINFACHE LÖSUNGEN FÜR DEN FUSSBODEN

Der ideale Fußbodenbelag für jede Werkstatt ist Holz. Es ist sehr viel angenehmer, auf Holz zu stehen als auf den meisten Alternativen. Anderseits kann man nicht immer einen Holzfußboden verlegen. Meine Werkstatt hat einen sehr glatten Fußboden, der das Auffegen zu einem Kinderspiel macht. Er ist zwar aus Beton, aber wenn ich erst mal eine Stunde gehobelt habe, ist er sowieso mit Spänen bedeckt, auf denen ich dann stehe. An der Werkbank, wo man ja oft längere Zeit steht, ist eine gelenkschonende Matte eine gute Investition.

Holzböden für eine Werkstatt müssen nicht aufwendig sein. Einfaches Sperrholz oder andere Plattenwerkstoffe lassen sich leicht verlegen.

Betonböden können mit Gummimatten etwas bequemer gemacht werden. Auch die Schneide eines herabgefallenen Werkzeugt nimmt dann nicht so schnell Schaden.

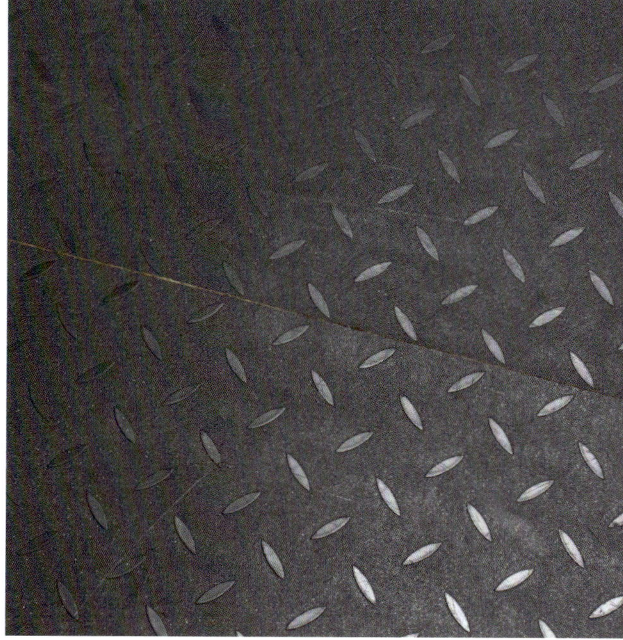

KAPITEL 2

WERKZEUG IN DER KLEINEN WERKSTATT

Wenn Sie sich entschieden haben, wo Sie Ihre Werkstatt einrichten wollen, ist es Zeit, sie mit Werkzeugen auszustatten - aber nur mit solchen, die Sie auch wirklich brauchen. Das wichtigste Werkzeug des minimalistischen Holzwerkers ist die Werk- oder Hobelbank. Wenn man mit Maschinen arbeitet, bringt man das Holz zur Maschine. Bei Handwerkzeugen bringt man dagegen das Werkzeug zum Holz. Sie benötigen also eine solide, ebene Arbeitsfläche, auf der Sie das Werkstück bearbeiten können. Außerdem werden Sie Hilfsmittel brauchen, mit dem Sie das Holz an der Bank fixieren und so leichter bearbeiten können.

Wie man die links zu sehende Bank baut, wird in Kapitel 8 beschrieben. Das Model ist leicht zu bauen und leistet in jeder Werkstatt gute Dienste. Wenn man keine Werkbank besitzt, kann man sich mit einem transportablen Spanntisch behelfen. Die ersten Werkstücke in diesem Buch wurden sogar wirklich mit einem Tisch dieser Art hergestellt. Sie sind für wenig Geld in jedem Baumarkt zu erhalten. Nachdem Sie Ihre ersten Werkstücke erfolgreich hergestellt haben, können Sie sich dann auch eine Werkbank bauen.

Ob Sie sich zum ersten Mal mit dem Holzwerken beschäftigen oder ob Sie Ihr Interesse neuerdings vor allem der Arbeit mit Handwerkzeug widmen, es ist so oder so wichtig, mit den notwendigen Werkzeugen zu beginnen und sich mit ihrer Handhabung vertraut zu machen. In einer kleinen Werkstatt gibt es nur wenige Werkzeuge, die wirklich unabdingbar sind.

In diesem Kapitel beschreibe ich eine Grundausstattung an Werkzeugen, mit denen Sie fast jedes Werkstück anfertigen können, das Ihnen in den Sinn kommen mag. Einige von ihnen gehören zu den Herzstücken jeder Werkstatt. Andere sind schöne Extras für bestimmte Arbeiten. Wichtig ist es, klein anzufangen. Machen Sie sich mit einer kleinen Auswahl an Werkzeugen und Techniken vertraut. Später kann es dann sein, dass Sie andere brauchen oder haben wollen. Oder Sie stellen fest, dass weniger eigentlich mehr ist. So geht es mir jedenfalls wieder und wieder.

KAPITEL 2

HANDWERKZEUGE

Die Grundlage des minimalistischen Ansatzes beim Holzwerken ist die Arbeit mit Handwerkzeugen. Auf den folgenden Seiten stelle ich die wesentlichen Werkzeuge vor, mit denen Sie anfangen sollten. Sie müssen keinesfalls alle brandneu sein. Der angehende Holzwerker kann aus einer Vielzahl von Möglichkeiten wählen, die von alten Erbstücken bis hin zu den Erzeugnissen moderner Werkzeugmacher reichen. Ich verwende eine Mischung aus alten und neuen Werkzeugen. Wenn sie gut eingestellt sind, funktionieren beide gleichermaßen gut. In den folgenden Abschnitten beschreibe ich jeweils, welche Werkzeuge unbedingt notwendig sind, nenne aber auch solche, die sich als Ergänzung oder Erweiterung der Ausstattung eignen. Sehen wir uns also einmal an, was zu einer minimalistischen Werkzeuggrundausstattung gehört.

HOBEL

Die Hobel sind die Arbeitspferde in der minimalistischen Werkstatt. Mit ihnen werden wichtige Arbeiten wie das Schlichten und Verputzen und das Schneiden von Verbindungen ausgeführt. Hobel lassen sich in zwei grundlegende Kategorien unterteilen: Bankhobel und Verbindungshobel.

Bankhobel

Die sogenannten Bankhobel werden vor allem benutzt, um Material zu schlichten, auf Maß zu bringen und die Oberflächen zu verputzen.

SCHLICHTEN UND VERPUTZEN – WORIN LIEGT DER UNTERSCHIED?

Auf den ersten Blick mögen das Schlichten und das Verputzen von Holz die gleiche Arbeit sein. Der Unterschied liegt in der erreichten Oberflächengüte. Beim Schlichten kommt es darauf an, eine ebene Fläche zu erzielen. Die Qualität der Oberfläche ist nicht so wichtig. Wenn man eine Fläche geschlichtet hat, kann man das Material auf Stärke bringen oder eine rechtwinklige Kanten anhobeln. Eine ebene Fläche ist aber nicht unbedingt schon geeignet, um Oberflächenmittel aufzutragen. Vorher sollte sie noch verputzt werden. Damit bezeichnet man die Arbeiten, mit denen die Oberfläche auf den Auftrag von Öl, Wachs, Lack oder anderem vorbereitet wird. Es ist bei der Handarbeit das Gegenstück zum elektrischen Schwingschleifer. Allerdings ohne den Schleifstaub, den Lärm und die Taubheitsgefühle in den Händen.

Kurzraubank

Die nützlichste Version des Bankhobels ist die Kurzraubank. Sie wird für viele Arbeiten verwendet, deshalb sollte sie der erste Hobel sein, den man sich als Anfänger anschafft. Die Kurzraubank ist lang genug, um das meiste Material zu schlichten, aber nicht so lang, dass man sie nicht auch zum Verputzen verwenden kann. Ihre Größe ist auch perfekt, um sie auf der Seite liegend mit einer Stoßlade zu verwenden, um Hirnholz zu bestoßen.

Andere wichtige Bankhobel

Mit der Kurzraubank kann man schon viele Arbeiten ausführen. Es gibt aber noch Bankhobel in drei anderen Größen, mit denen ich arbeite.

Raubank

Die Raubank ist ein langer Hobel, mit dem man leicht große Flächen schlichten und lange Kanten abrichten kann. Je länger der Hobel, desto ebener ist die Fläche, die man mit ihm erzielt.

Putzhobel

Der Putzhobel ist kleiner als die Kurzraubank. Er ist etwas leichter und lässt sich einfacher über die Fläche bewegen, die man für die Oberflächenbehandlung vorbereiten möchte. Ich verwende gerne Putzhobel aus Holz, weil die hölzerne Hobelsohle die Fläche poliert, die man schlichtet, sodass sie schon glänzt, bevor man sie überhaupt weiterbehandelt.

Hirnholzhobel

Neben diesen beiden Hobeln kann man auch einen kleinen, einhändig zu benutzenden Hirnholzhobel einsetzen. Diese Hobel sind speziell darauf ausgerichtet, die Fasern von Hirnholz zu schneiden. Sie haben meist ein flach geneigtes Eisenbett, in welches das Eisen mit der Fase nach oben eingelegt wird. Hirnholzhobel eignen sich gut für das Nacharbeiten, das Brechen von Kanten und andere kleine Arbeiten an der Hobelbank.

HOBEL EINSTELLEN

Um gute Ergebnisse mit Handhobeln zu erzielen, muss man Vorarbeiten in Kauf nehmen. Und wie immer muss man auch wissen, welche und wie. Die unterschiedlichen Hobeltypen werden alle auf grundsätzlich ähnliche Weise eingerichtet und eingestellt.

Einstellen

Die beiden häufigsten Einstellmechanismen bei Metallhobeln sind nach den Herstellern benannt, die sie zuerst verwendeten: Stanley und Norris. Beim Stanley-Typ gibt es ein Rad, mit dem die Spandicke eingestellt wird, und einen Hebel, mit dem die Lage des Eisens im Hobelmaul verändert werden kann. Der Norris-Typ vereint beide Einstellmöglichkeiten in einem Mechanismus. Wenn man den Schraubenkopf im Uhrzeigersinn oder entgegengesetzter Richtung dreht, wird die Spandicke verstellt. Wenn man denselben Schraubenkopf nach rechts oder links schiebt, wird das Eisen seitlich verstellt.
Es gibt verschiedene Methoden, um einen Hobel auf seinen Einsatz vorzubereiten. Ich verwende eine Methode, die schnell ist und bei der man nicht Gefahr läuft, beim ersten Schnitt zu viel Material abzunehmen.

Handhobel sind einfach Werkzeuge, die nur wenige bewegliche Teile und Einstellmöglichkeiten aufweisen. Wenn man den oberen Schraubenkopf lockert, kann man das Eisen nach rechts oder links verstellen und dort fixieren.

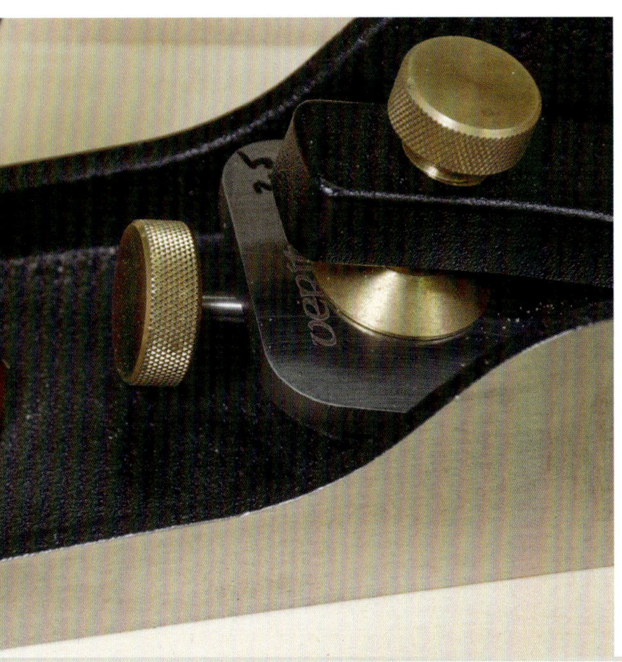

Die hintere Einstellschraube an einem Hobel im Stanley-Stil verschiebt das Eisen nach vorne oder hinten und hat einen eigenen Verstellhebel für seitliche Verstellungen.

Für gleichmäßige Späne:

1 Visieren Sie über die Hobelsohle das Eisen im Hobelmaul an, und vergewissern Sie sich, dass es mittig im Hobelmaul steht. Falls die Schneide auf einer Seite höher als auf der anderen zu sein scheint, verschieben Sie den Einstellhebel zu der Seite, die höher ist.

2 Ziehen Sie das Eisen zurück und legen Sie den Hobel auf die Oberfläche des Holzes. Bewegen Sie den Hobel vor und zurück, während Sie den Spandickeneinsteller langsam im Uhrzeigersinn drehen. Achten Sie darauf, wo die ersten Späne im Spanloch auftauchen. Wenn der Span links oder rechts von der Mitte erscheint, verschieben Sie den Einstellhebel zu der betreffenden Seite.

3 Wenn der Span mittig aus dem Spanloch tritt, stellen Sie die Spandicke so ein, dass Sie gleichmäßige Späne in der gewünschten Stärke erhalten. Dünne Späne erfordern vielleicht mehr Zeit bei der Materialabnahme, aber sie machen es leichter, eine glatte Oberfläche zu erreichen.

1

2

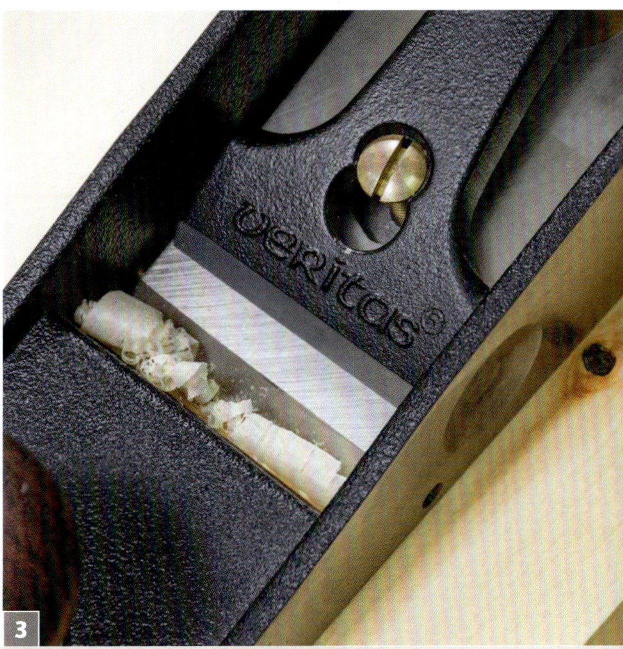

3

Simshobel

Nuthobel

Falzhobel

Hobel für Verbindungen

Mit den folgenden Hobeln kann man sich die Anschaffung einer Handoberfräse ersparen. Sie nehmen auf präzise und genau zu kontrollierende Weise Material ab. Da sie nicht motorgetrieben sind, bleibt es in Ihrer Werkstatt schön ruhig.

Simshobel

Mit diesem Hobel sind die Brüstungen eines Zapfens gut nachzuarbeiten. Damit endet seine Nützlichkeit jedoch nicht. Mit überlappenden Schnitten kann man auch die Wangen des Zapfens bis zur perfekten Passung nacharbeiten. Zudem kann man mit ihm auch Fälze in Faserrichtung anschneiden.

Nuthobel

Der Nuthobel wird verwendet, um Nuten in Faserrichtung zu schneiden. Derartige Nuten werden oft als Verbindung eingesetzt, etwa um einen Schubladenboden in Vorder- und Seitenstücke einzusetzen oder um Nut-und-Feder-Verbindungen herzustellen. Ein guter Nuthobel, ob er nun alt oder neu ist, sollte einen stabilen Anschlag und Schnitttiefeneinsteller aufweisen, um die Abmessungen der Nut einstellen zu können. Mit dem Nuthobel kann man auch Fälze in Faserrichtung schneiden.

Grundhobel

Der Grundhobel macht sich bezahlt, wenn es darum geht, den Grund einer Verbindung genau bis zu einer bestimmten Tiefe zu schneiden. Der Grund von Nuten und Ausklinkungen (etwa für Scharniere) lässt sich mit dem Grundhobel leicht eben schneiden. Auch der Verschnitt bei Einlegearbeiten und Furnieradergräben lässt sich mit ihm gut entfernen.

Nette Ergänzung: Der Falzhobel

Mit dem Falzhobel lassen sich Fälze in Faserrichtung und quer zu ihr schneiden. Meist weist der Falzhobel einen Vorschneider vor dem Eisen auf, mit dem die Brüstung des Falzes angeritzt wird, damit der Schnitt sauber ausfällt und die Fasern nicht ausreißen. Ein stabiler Anschlag und Schnitttiefeneinsteller sind beim Falzhobel nützliche Ergänzungen. Auch sehr schön ist ein schräg stehendes Hobeleisen. Es bewirkt einen ziehenden Schnitt, durch den beim Arbeiten quer zur Faser die Gefahr von Faserausrissen weiter reduziert wird. Man erreicht damit überraschend glatte Oberflächen.

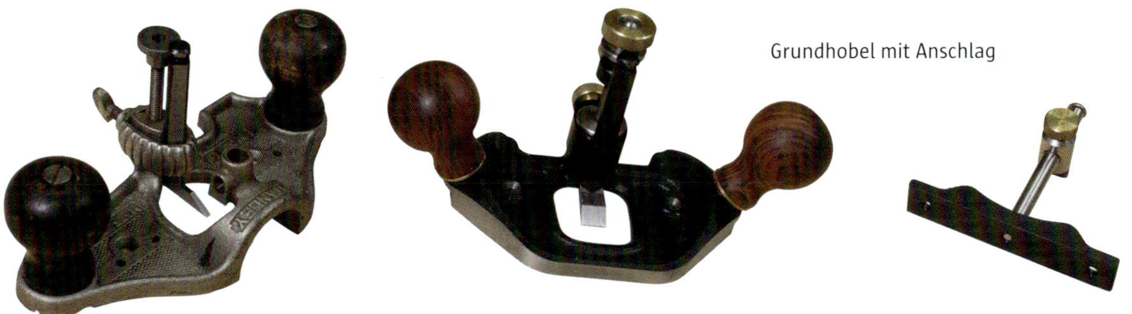

Grundhobel mit Anschlag

SÄGEN

Sägen sind für den minimalistisch arbeitenden Holzwerker unverzichtbar. Mit ihnen wird das Rohholz auf Maß gebracht und man schneidet mit ihnen Verbindungen an. Es gibt drei wichtige Sägen, auf die ich nicht verzichten wollte.

Fuchsschwanz

Mein Lieblingsfuchsschwanz ist ein alter D-28 des amerikanischen Herstellers Disston. Er hat 10 Zähne pro Zoll (ppi – points per inch), deren Zahngeometrie Schnitte in Faserrichtung und quer zu ihr zulassen. Die meisten Schlitzsägen mit einer Zahnteilung von 10 ppi oder kleiner lassen sich gut für beide Schnittrichtungen einsetzen.

Fuchsschwanz

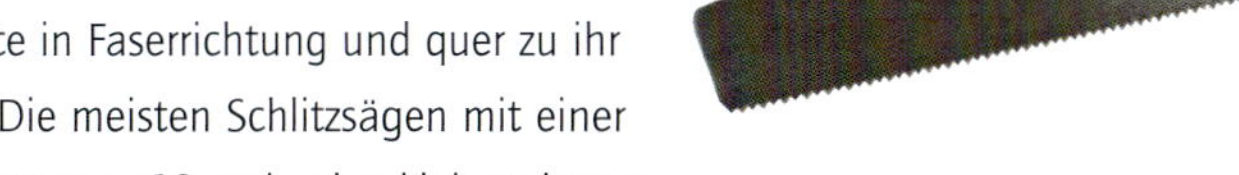

Rückensäge

Wie der Name es schon andeutet, haben diese Sägen eine Rückenverstärkung, um sie auszusteifen und geradere Schnitte zu ermöglichen, was bei den wichtigen Schnitten an Verbindungen nützlich ist. Ich ziehe eine recht große Rückensäge vor, weil das Blatt unterhalb des Rückens höher ist und ich damit die meisten Verbindungen schneiden kann, die ich verwende. Mein Exemplar hat 14 ppi und wie mein Fuchsschwanz eine Zahngeometrie, die Schnitte mit und quer zur Faser erlaubt.

Rückensäge

Laubsäge

Die Laubsäge ist im Wesentlichen eine kleine Gestellsäge (s.u.), die sich vor allem für feine Detailarbeiten wie das Aussägen von Intarsien eignet. In meiner Werkstatt wird sie vor allem verwendet, um den Verschnitt bei Schwalbenschwanzzinkungen zu entfernen.

Nette Ergänzungen der Sägenausstattung

Große Schlitz- und Absetzsäge

Ein ernstzunehmender Fuchsschwanz mit 5 ppi ist nützlich, wenn es darum geht, Rohholz mit mehr als 25 mm Stärke aufzutrennen oder auf Breite zu schneiden. Die größeren Zahnzwischenräume erleichtern den Spanabtransport und sorgen so für einen geraden Schnitt. Eine grobe Absetzsäge ist ebenso nützlich, wenn es darum geht, stärkeres Material auf Länge zu schneiden. Ideal wären dann 8 ppi und eine Zahngeometrie für Absetzschnitte.

Gestellsäge

Gestellsägen gibt es in unterschiedlichen Größen und Gestaltungen. Mit einem schmalen Schweifblatt ausgestattet, werden sie verwendet, um Kurven zu sägen. Das Blatt wird meist gespannt, indem man einen Draht mit einem Stift verdreht, der vom Steg zwischen den Sägearmen gehalten wird. Das Sägeblatt sollte möglichst schmal sein, um auch enge Radien sägen zu können.

Laubsäge

Schlitzsäge

Absetzsäge

Gestellsäge

ANREISSEN UND MESSEN

Die Auswahl an Werkzeugen zum Anreißen und Messen ist schier überwältigend. Viele von ihnen sind vollkommen überflüssig. Aber es gibt auch einige, die jeder Holzwerker in seinem Werkzeugkasten haben sollte.

Zirkel

Streichmaß mit Scheibenmesser

Ohne Streichmaße mit Scheibenmesser wäre ich vollkommen verloren. Ein solches Streichmaß besteht aus einem Anschlag, durch den ein Arm geführt ist. Am Ende des Arms ist ein kreisrundes Messer angebracht, das in das Holz schneidet. In diesem Riss kann man leicht die Schneide eines Stechbeitels einlegen. Stellen Sie sich vor, Sie können die Schneide eines Beitels genau auf einem Bleistiftstrich anlegen. Genau das erlaubt der Riss, den man mit einem solchen Streichmaß angerissen hat. Er hält den Stechbeitel genau dort, wo man ihn haben möchte. Ich habe vier solche Streichmaße, weil ich gerne für verschiedene Maße an einem Werkstück jeweils eigens eingestellte Streichmaße verwende. Falls dann etwas schiefgeht, kann ich einfach ein neues Bauteil anreißen und wieder von vorne anfangen.

Zirkel

Mit einem Zirkel kann man leicht Kreise oder Kreisbögen zeichnen. Wir sind alle mit diesem Werkzeug vertraut, weil wir es seit der Grundschule für verschiedene Aufgaben verwenden. Ich ziehe Exemplare vor, in die man einen Bleistift einspannen kann. Ein Bleistift ist leichter anzuspitzen als die Graphitminen, mit denen andere Zirkelvarianten ausgestattet sind. Außerdem bin ich ein sparsamer Mensch. Ich brauche auch eine Verwendung für die kurzen Bleistiftstummel, die ich nicht mehr bequem mit der Hand halten kann.

Streichmaße mit Scheibenmesser

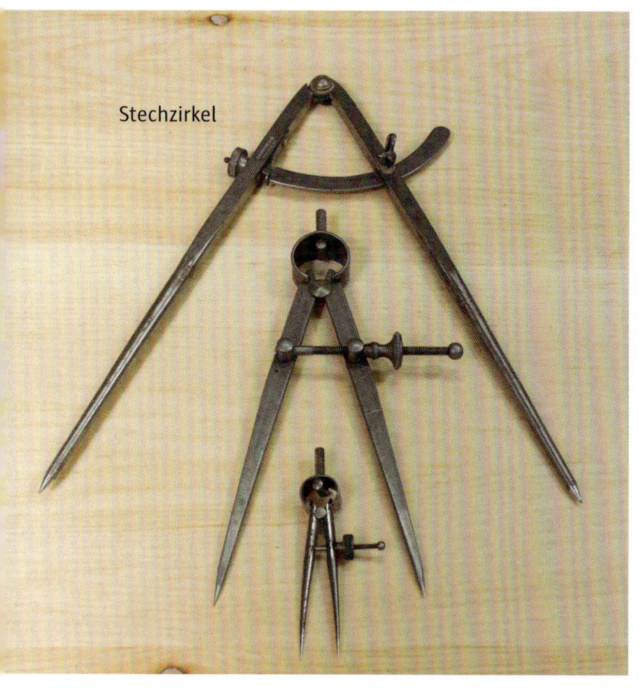
Stechzirkel

Schmiegen

Stechzirkel

Der Stechzirkel hat anstatt des Bleistifthalters eine zweite Spitze. Als Werkzeug ist er uralt und ist in der Vergangenheit bei der Navigation, in der Mathematik, in der Tischlerei und auf anderen Gebieten verwendet worden. Ich verwende den Stechzirkel vor allem bei geometrisch komplizierten Anrissen oder um Markierungen in gleichen Abständen anzubringen, etwa bei Schwalbenschwanzzinkungen oder Regalbrettern in einem Möbelstück.

Schmiege

Oft kommen in Werkstücken Winkel vor, bei denen es jedoch meist nicht auf die genaue Größe in Grad ankommt. Die Schmiege hat einen Anschlag aus Holz und eine bewegliche Zunge, die man in Verbindung mit einem Bleistift oder Anreißmesser verwenden kann, um Winkel auf dem Werkstück anzureißen. Es gibt unterschiedliche Formen, man sollte darauf achten, dass die Arretierung belastbar ist und beim Anreißen nicht stört.

Großer Kombiwinkel

Dieser Winkel hat einen Anschlag mit zwei Kanten: 90° und 45°. Das macht ihn ideal für die Arbeit mit Holz. Die Zunge ist meist mit einer Millimetereinteilung versehen, manchmal zusätzlich auch mit Zoll. Es gibt Kombiwinkel auch in anderen Größen, aber mir erscheint diese für allgemeine Anrissarbeiten am nützlichsten.

Kleiner Tischlerwinkel

Ein solcher kleiner Winkel ist ideal, um ihn immer verfügbar zu haben, etwa in einer Schürzentasche. Zu den häufigsten Aufgaben in der Werkstatt gehört es, Kanten oder Ecken auf Rechtwinkligkeit zu überprüfen. Dafür möchte man nicht unbedingt immer den großen Kombiwinkel rauskramen.

Langes Stahllineal

Ein 60 Zentimeter langes Stahllineal deckt fast alle Messarbeiten ab, die beim Holzwerken anfallen. Man kann damit nicht nur Längen messen, sondern auch mit Bleistift oder Messer anreißen.

Kleiner Tischlerwinkel

Langes Stahllineal

Großer Kombiwinkel

Ahle

Die Ahle ist ein einfaches Werkszeug, um auf einer Holzfläche eine Vertiefung einzustechen, an der zum Beispiel ein Loch gebohrt werden soll.

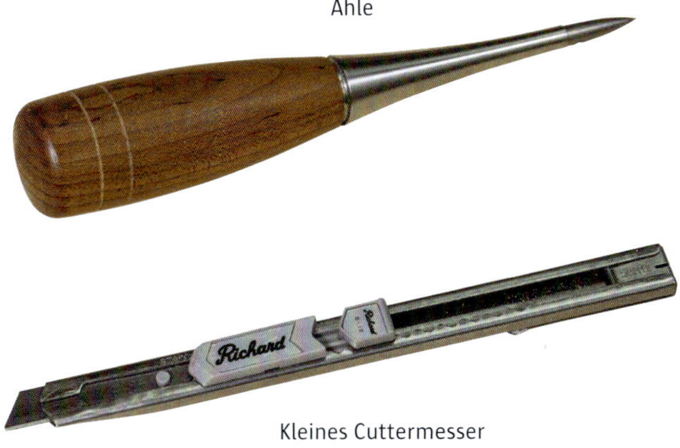

Ahle

Kleines Cuttermesser

Kleines Cuttermesser

Diese Messer sind in der Werkstatt unverzichtbar. Sie sind ideal, um Verbindungen leicht nachzuarbeiten, um Papierschablonen oder Furnier zuzuschneiden oder Bleistifte anzuspitzen. Im Notfall kann man mit ihnen sogar Verbindungen anreißen. Man kann sie überall und zu unterschiedlichen Preisen erstehen, aber ich gebe gerne etwas mehr Geld für ein Cuttermesser aus. Als Gegenwert erhalte ich einen besseren Arretiermechanismus und meist auch einen besser profilierten Griff. Die Abbrechklingen machen es leicht, immer eine scharfe Klinge zu führen. Ein stumpfes Messer nützt einem überhaupt nichts.

Kleines Anreißmesser

Ein gutes Anreißmesser sollte einseitig angeschliffen sein, damit man die rechtwinklige Seite dicht an einem Lineal oder Bauteil anlegen kann. Mit einem solchen Messer arbeitet man ähnlich wie mit einem schneidenden Streichmaß. Es schneidet einen Riss in das Holz, den man als Referenzlinie verwenden kann. Ich arbeite gerne mit einer oben und unten angeschliffenen Klinge, da man so in beiden Richtungen schneiden kann.

Bleistifte und Radierer

Bleistifte

Ich verwende unterschiedliche Bleistifte in der Werkstatt. Ein Zimmermannsbleistift ist gut geeignet, um grob anzureißen und um Bauteile zu kennzeichnen. Ich verwende auch einen Bleistift der Härte H, um einen Messerriss deutlicher erkennbar zu machen. Man legt die Mine des Bleistifts einfach in den Messerriss und füllt ihn so mit Graphit. Die Härte H sorgt dafür, dass der Bleistift länger spitz bleibt und so gut in den Messerriss passt. Ich arbeite nicht gerne mit Druckbleistiften, weil die Minen sehr zerbrechlich sind. Da jeder mal Fehler macht, sollte man auch einen guten Radierer zur Hand haben. Mit einem Wachsstift kann man Bauteile so markieren, dass sie auf der Werkbank gut zu erkennen sind.

Kleiner Kombiwinkel

Nette Ergänzung:

Kleiner Kombiwinkel

Ein kleinerer Kombiwinkel (mit 100 oder 150 mm langer Zunge) ist beim Anreißen von Verbindungen nützlich. Manchmal ist eine 300 mm lange Zunge einfach zu groß für kleine Flächen.

Kleines Anreißmesser

Kreideschlagschnur

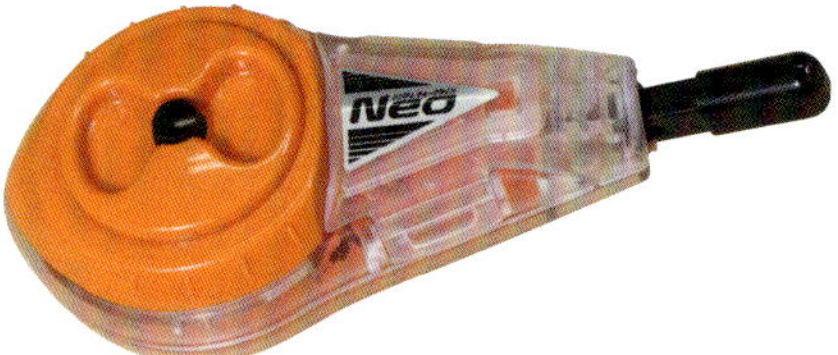

Kreideschlagschnur

Ich benutze gerne eine Kreideschlagschnur, um die Schnitte anzureißen, wenn ich Bretter grob auf Breite schneide. Achten Sie darauf, dass Sie ein Exemplar erwerben, das für die Arbeit in der Werkstatt geeignet ist. Die Versionen aus dem Baumarkt mögen für Baustellen geeignet sein, für die Arbeit mit Holz jedoch eher nicht. Die meisten hüllen einen in dichte Kreidewolken, wenn man die Schnur herauszieht. Die Kreide setzt sich dann auf Ihnen und auf Ihrem Werkstück ab. Das hier abgebildete Exemplar stammt aus Japan und hat an der Spitze des Kreidebehälters einen kleinen Schwamm, der überschüssige Kreide abstreift. Manchmal sind es die kleinen Details, die bei der Verwendung eines Werkzeugs einen großen Unterschied machen.

BOHREN UND BEFESTIGEN

Bohrwinde und Bohrer

Mit der Bohrwinde bohrte man Löcher, bevor es elektrische Bohrmaschinen gab. Große Bohrwinden bieten genug Kraft, um Löcher zu bohren, und kleinere sind gut geeignet, um Schrauben einzudrehen. Die Bohrer sind in Durchmessern von 6 bis 25 mm verfügbar, meist in Abstufungen von 2 mm. Die Bohrwinde ist ein überraschend einfaches Werkzeug, dessen Gebrauch sich mit etwas Übung leicht erlernen lässt. Die typischen (Schlangen-)Bohrer haben eine Zentrierspitze mit Gewinde, die den Bohrer tiefer in das Holz zieht, wenn man die Bohrwinde dreht.

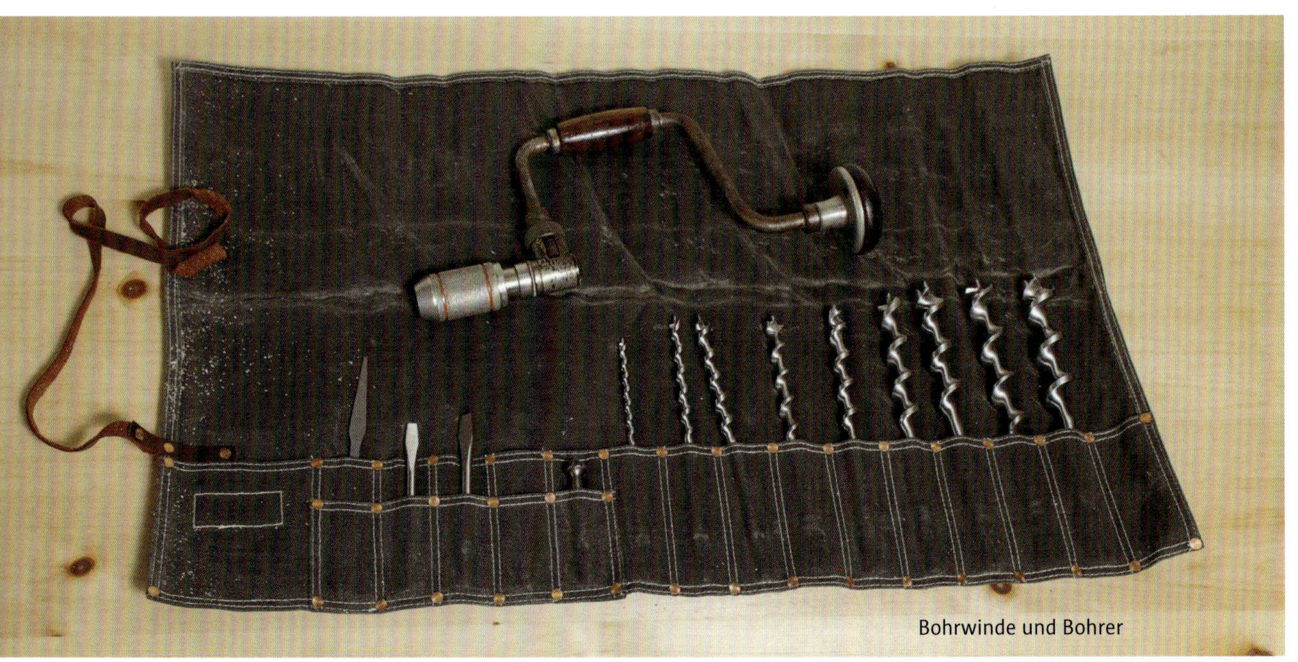

Bohrwinde und Bohrer

Handbohrmaschine und Spiralbohrer

Handbohrmaschinen und Bohrer

Bei Löchern von weniger als 6 mm bewährt sich die Handbohrmaschine. Man kann in ihr die gleichen Spiralbohrer verwenden, die man auch in einer elektrischen Bohrmaschine einsetzt. Sie sind ideal für Arbeiten in Holz geeignet, weil sie sehr saubere Bohrlöcher schneiden. Suchen Sie einen Bohrersatz, der in Abstufungen von 1 oder 0,5 mm von 0,5 bis 6 mm reicht. Mit diesen Bohrern kann man dann sehr gut Führungslöcher für die Befestigungsschrauben von Beschlägen bohren.

DIE ARBEITSPFERDE IN DER WERKSTATT

Hammer und Schraubendreher

Metallbeschläge aller Art gehören zum Holzwerken, deshalb kann man auch nicht auf einen guten Tischler- oder Klauenhammer und einen Satz Schraubendreher verzichten. Ich verwende Innenvierkant- und Flachkopfschrauben und habe deswegen Schraubendreher für diese Formen; für alle anderen verwende ich entsprechende Bits.

Klauenhammer und Schraubendreher

Stechbeitel

Klüpfel

Stechbeitel

Stechbeitel gibt es in verschiedenen Größen und Formen, die jeweils für bestimmte Arbeiten gedacht sind. Am Anfang braucht man nur einen Satz normale Beitel. Es gibt sie im Fachhandel und im Baumarkt zu Preisen zwischen wenigen Euro und Hunderten von Euro pro Stechbeitel. Meine Empfehlung: Kaufen Sie die besten, die Sie sich leisten können. Mir ist es schon gelungen, einen Billigstbeitel scharf zu bekommen, aber die Standzeit war sehr kurz. Beim Stechbeitel bekommt man die Qualität, für die man bezahlt.

Klüpfel

Der Stechbeitel kann mit der Hand getrieben werden, meist verwendet man dafür aber ein Werkzeug. Es gibt Klüpfel in verschiedenen Formen, Größen und Gewichten. Die Wahl ist Ihre. Ich treibe meine Beitel je nach anstehender Arbeit mit einem Schlosserhammer oder einem Messingklüpfel. Es wird oft behauptet, mit einem Metallhammer könne man den Holzgriff eines Stechbeitels beschädigen. Ich halte das für vollkommenen Quatsch. Ich verwende seit Jahren Metallklüpfel und habe noch keinen einzigen Stechbeitel verdorben. Ein Holzklüpfel stände bei mir an zweiter Stelle, an letzter dann solche mit Kunststoffbahn. Letztlich können Sie Ihre Stechbeitel aber auch mit einem Stein treiben; es ist alles eine Frage der persönlichen Vorliebe.

Zwingen

Es stimmt: Zu viele Zwingen kann man nie besitzen. Aber es gibt viele verschiedene Zwingentypen und sie sind nicht alle gleich im Angesicht des Herren. Ich verwende meist drei unterschiedliche Zwingentypen in meiner Werkstatt. Ich habe auch andere, aber meist sind das lediglich Abwandlungen der drei Haupttypen: Korpuszwingen, Einhandzwingen und Schraubzwingen.

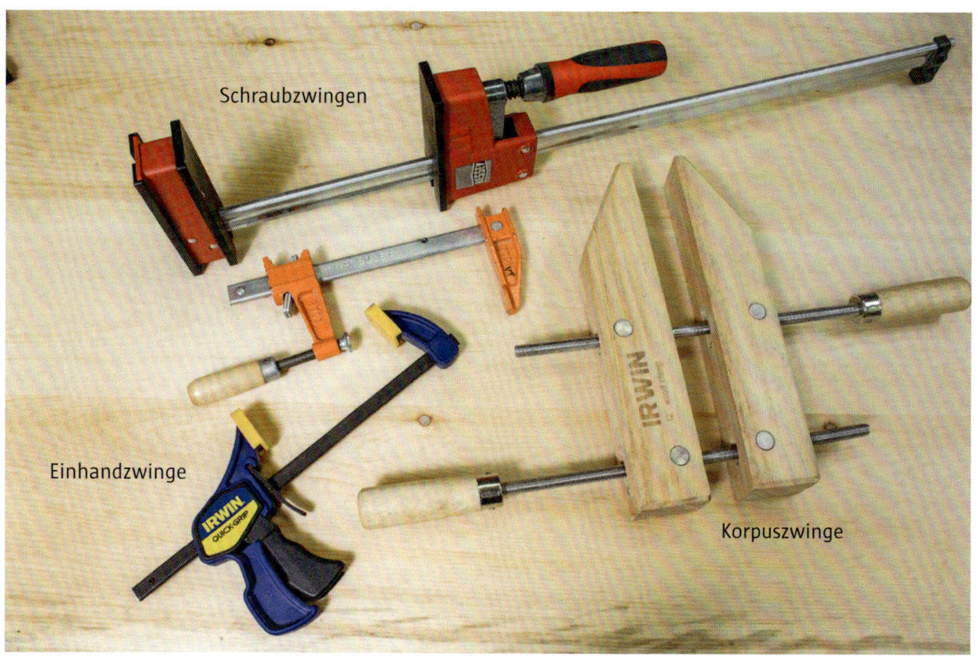

Werkstattschürze

Wie klein Ihre Werkstatt auch sein mag, es ist eine gute Idee, eine Schürze zu tragen, wenn Sie in ihr arbeiten. Ich trage sie gerne, weil man dann Werkzeuge wie einen kleinen Tischlerwinkel, Bleistifte, Wachs und manch anderes immer zur Hand hat. Es ist erstaunlich, wie schnell man einen Bleistift oder kleinen Tischlerwinkel aus dem Blick verliert, wenn die Arbeitsfläche mit Hobelspänen bedeckt ist. Wenn Sie sich angewöhnen, diese Dinge in der Schürzentasche aufzubewahren, müssen Sie nie nach ihnen suchen. Außerdem hält die Schürze die sonstige Kleidung sauber und man hat immer etwas, an dem man den Leim von den Fingern abwischen kann.

MASCHINEN

Ich werde Maschinen nicht sehr ausführlich behandeln, weil es schon viele Bücher über das Thema gibt. Ich habe in meiner Werkstatt zwar Platz genug für einige Maschinen, aber es ist keineswegs so, dass ich sie zum Arbeiten ‚brauche'. In diesem Buch geht es vor allem um das Arbeiten ohne Maschinen, aber wenn Sie Maschinen besitzen, zögern Sie nicht, sie auch einzusetzen. Achten Sie jedoch darauf, dass sich ihre Verwendung wirklich lohnt. Im Kasten (unten) finden Sie eine Liste der Maschinen, die ich in meiner Werkstatt habe, und wofür ich sie benutze. Je nach den Arbeiten, die Sie vorzugsweise ausführen, kann es gut sein, dass Sie andere Maschinen als unabdingbar betrachten. Um es aber zu wiederholen: Achten Sie darauf, dass die Werkzeuge, die Sie in die Werkstatt bringen, auch den Platz rechtfertigen, den sie einnehmen.

HOLZBEARBEITUNGSMASCHINEN: WO ANFANGEN?

Wenn man das Bedürfnis hat und über den Platz und die Mittel verfügt, kann man mit Elektromaschinen unbestreitbar einige Arbeiten in der Werkstatt beschleunigen. Wenn ich mich auf eine einzige beschränken müsste, wäre das eine Bandsäge. Andere neigen zur Drehbank, weil sie sagen, mit ihr könne man Formen schaffen, die nur mit Handwerkzeugen kaum herzustellen sind. Lassen Sie sich von den Arbeiten, die Sie am häufigsten ausführen, bei der Auswahl der Maschinen und Elektrowerkzeuge leiten, die Sie in Ihre Werkstatt bringen.

Bandsäge

- Abbreitschnitte
- Auftrennschnitte
- Ablängschnitte
- Schweifschnitte
- Zapfen schneiden

Ständerbohrmaschine

- Präzise Löcher bohren
- Verschnitt schnell aus Schlitzen entfernen

Drechselbank

- Möbelteile wie Beine und Griffe herstellen

Dicktenhobel

- Material auf Stärke hobeln

Staubabsauganlage

- Für Sauberkeit sorgen, wenn man staubverursachende Elektrowerkzeuge einsetzt.

KAPITEL 3

WERKZEUGE UND TECHNIKEN ZUM MESSEN UND ANREISSEN

Eine der wichtigsten Fähigkeiten, die man als Holzwerker beherrschen muss, ist das genaue Messen und Anreißen. Ohne diese grundlegende Fähigkeit wird es immer wieder zu Fehlschlägen kommen. Wenn Sie Fehler beim Messen machen, wenn Ihre Bauteile nicht rechtwinklig sind, wird sich das im fertigen Werkstück zeigen. Die gute Nachricht: Das Anreißen und Messen ist eigentlich ganz einfach, wenn man einige wichtige Werkzeuge hat und sich an einfache, zuverlässige Techniken hält.

Beim Messen müssen auch nicht unbedingt Zahlen ins Spiel kommen. Ich benutze sie sogar eher selten, wenn ich Bauteile ausmesse, weil Zahlen und Berechnungen zu Verwirrung oder Fehlern führen können, wenn man mathematisch eher schwach begabt ist. Es mögen zwar einfache Rechenaufgaben sein, aber warum sollte man Fehler riskieren? Was macht man also als Holzwerker? Man verwendet ein Messverfahren, bei dem man die Entfernungen vom Werkstück selbst abnimmt, anstatt sie von einem Bandmaß oder Lineal zu übertragen. Dieses Verfahren ist viel einfacher und die Wahrscheinlichkeit, Fehler zu machen, ist sehr viel geringer.

veritas
FRANCE

MESSEN

Wenn ich in der Werkstatt an einem einfachen Beistelltisch mit Schublade arbeite und die Größe des Schubladenvorderstücks bestimmen muss, könnte ich einige Messungen vornehmen, sie auf das Material übertragen und darauf hoffen, dass ich einen guten Tag erwischt habe. Oder ich könnte eine kleine Leiste nehmen, sie in die Schubladenöffnung halten und zwei Bleistiftstriche auf ihr anbringen, mit denen die Größe der Öffnung bestimmt wird. Man nennt eine solche Leiste auch einen Brettriss (weil man auch ein Brett oder eine Holzwerkstoffplatte dafür verwenden kann.) Das Maß als Zahlenwert wird dadurch überflüssig, und die Fehlerträchtigkeit ist viel geringer.

UMGANG MIT DEM TISCHLERWINKEL

Tischlerwinkel und Kombiwinkel bestehen aus zwei Teilen: dem Anschlag und der Zunge. Der Anschlag wird gegen die Bezugsfläche des Werkstücks gehalten. Die Zunge zeigt dann, ob die benachbarte Fläche im rechten Winkel zur Bezugsfläche steht.

Man verwendet den Winkel, indem man den Anschlag an die Bezugsfläche legt und an ihr hinunterschiebt, bis die Zunge an der benachbarten Fläche anliegt. Wenn die Zunge auf ihrer gesamten Länge an der Fläche anliegt, dann steht diese im rechten Winkel zur Bezugsfläche. Falls nicht, beträgt der Winkel nicht 90° und Sie müssen nacharbeiten. Der Winkel muss dabei gerade über der Fläche liegen, damit man präzise ablesen kann. Das Gleiche gilt für die 45°-Seite eines Kombiwinkels und für ein Gehrungsmaß.

1 Um zu prüfen, ob benachbarte Flächen senkrecht zueinander stehen, legt man den Anschlag des Winkels an der Bezugsfläche an.

2 Der Anschlag wird dann an der Fläche hinabgeschoben, bis die Zunge auf der anderen Fläche aufliegt. Ein Spalt zwischen der Fläche und der Zunge zeigt, ob und wie sehr der Winkel von 90° abweicht.

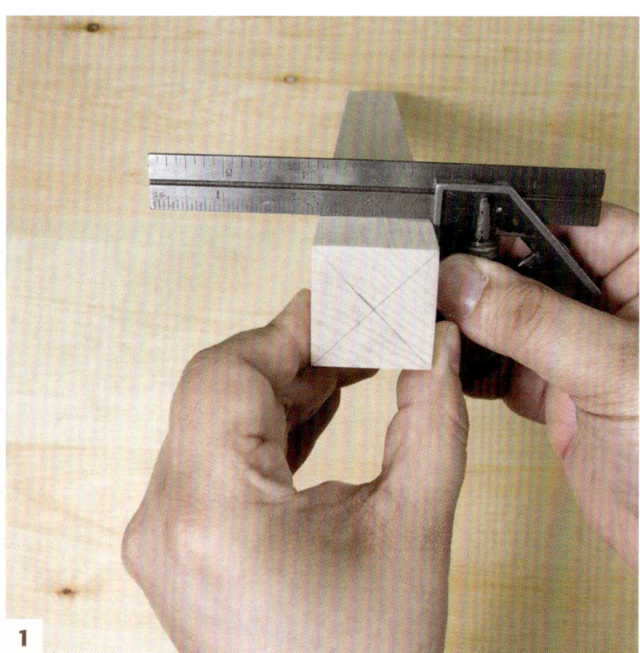

1

2

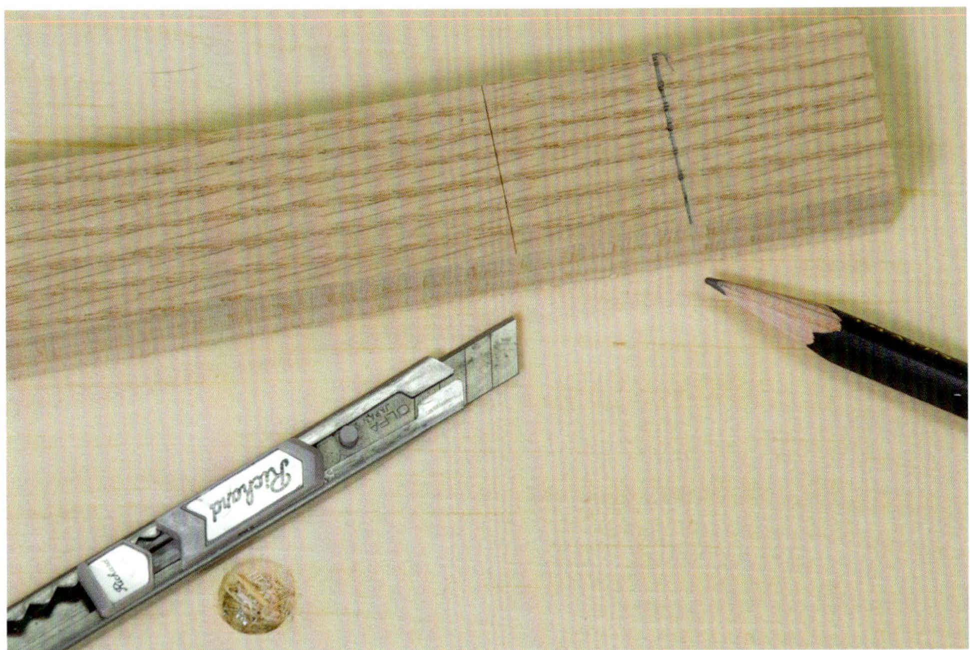

Messerrisse sind Bleistiftrissen vorzuziehen, weil man die Schneide eines Werkzeugs in den Riss einlegen und von ihm führen lassen kann. Wenn man den Messerriss mit dem Bleistift nachzieht, ist er leichter zu sehen.

ANREISSEN MIT DEM MESSER UND MIT DEM BLEISTIFT

Beim Holzwerken geht es meist darum, Material abzunehmen, vom Holz und meist bis zu einer Linie (einem ‚Riss') irgendeiner Art. Dabei kann die erforderliche Genauigkeit durchaus unterschiedlich sein. Wenn man die Bauteile für ein Werkstück grob zuschneidet, belässt man sie mit Übermaß. Die Genauigkeit muss nicht sehr hoch sein. Wenn Sie dann aber diese Bauteile auf Endmaß bringen, müssen Sie so genau wie möglich arbeiten.

Bleistifte

In meiner Werkstatt verwende ich normalerweise einen flachen Zimmermannsbleistift, um erste Kennzeichnungen anzubringen. Er ist nicht zu schlagen, wenn man einen groben Sägeschnitt anreißen oder ein Bauteil kennzeichnen will. Solche Bleistiftmarkierungen sind aber nur für ungefähre Angaben geeignet, nicht für das Anreißen von Endmaßen oder Verbindungen. Zimmermannsbleistifte sind recht weich, und man kann die gleichen Aufgaben auch mit einem normalen HB-Bleistift ausführen.

Anreißmesser

Wenn es um genaues Anreißen geht, verlasse ich mich nicht auf einen Bleistift. Die Endmaße eines Bauteils, Verbindungen, die angeschnitten werden sollen, und wichtige Platzierungen kennzeichne ich mit einem Anreißmesser. Der Vorteil eines Messerrisses liegt darin, dass er eine kleine Kerbe darstellt, in die man einen Stechbeitel einlegen kann. Das gleiche gilt für die Säge: Auch sie wird anfänglich vom Messerriss geführt, und man erreicht so einen präziseren Schnitt. Wenn die eigenen Augen schon bessere Zeiten gesehen haben, kann man den Messerriss auch mit dem Bleistift etwas nachziehen, um ihn besser erkennen zu können. Dafür sollte man einen Bleistift mit harter Mine (H) verwenden, da diese sich feiner anspitzen lässt und dann leichter in den Messerriss eingelegt werden kann.

ANREISSEN MIT DEM MESSER

Einen Bleistift zu benutzen ist nicht so furchtbar schwierig. Den Umgang mit dem Anreißmesser muss man allerdings lernen. Damit der Messerriss seine Aufgabe erfüllt, sollte er einigermaßen tief sein (etwa 0,5-1,0 mm). Man sollte jedoch nicht versuchen, auf Anhieb bis zu dieser Tiefe zu schneiden. Legen Sie das Messer dort an, wo Sie anreißen möchten und bringen Sie dann die Zunge des Winkels an das Messer heran. Schneiden Sie zuerst nur flach ein und vertiefen Sie dann den Riss, bis er die gewünschte Tiefe hat. Wenn Sie das Messer an einem Lineal oder Winkel führen, üben Sie leichten Druck auf die Messerklinge aus, damit der Riss nicht abwandert. Messer folgen beim Anreißen gerne den Holzfasern, achten Sie also auf die richtige Lage des Messers, wenn Sie es ansetzen.

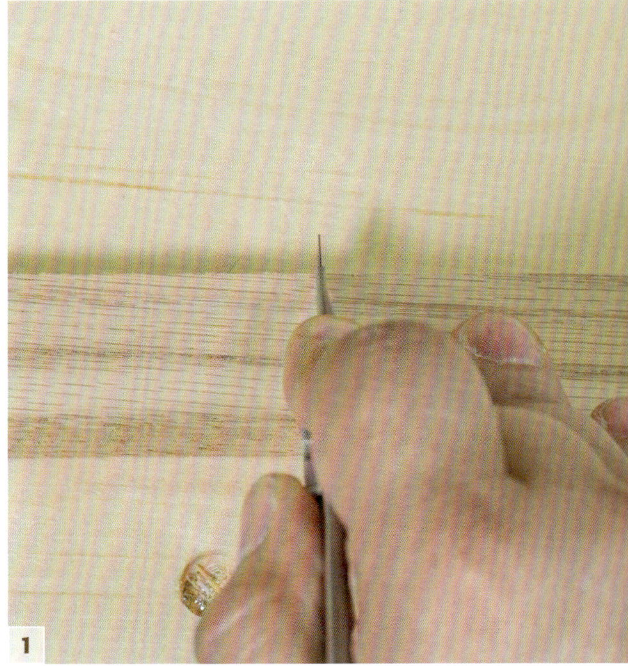

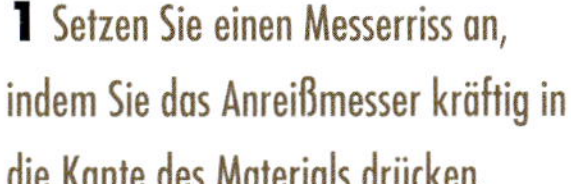

1 Setzen Sie einen Messerriss an, indem Sie das Anreißmesser kräftig in die Kante des Materials drücken.

2 Legen Sie dann die Zunge des Winkels am Messer an und ziehen Sie den Riss über die Fläche des Werkstücks.

EINE SÄGEKERBE ANLEGEN

Sägekerben sind ein bewährtes Hilfsmittel. Sie gehören zu den Handwerkertricks, die das präzise Arbeiten mit Handwerkzeugen sicherstellten und die verlorengingen, als wir alle begannen, mit Maschinen zu arbeiten. Die Sägekerbe ist einfach eine kleine schräge Nut, die quer zur Faser läuft und in die man das Sägeblatt einer Handsäge einlegen kann. Mit dieser Technik kann man eine gerade Brüstung oder einen präzisen Ablängschnitt anlegen.

Reißen Sie zuerst mit dem Streichmaß oder Anreißmesser eine Linie an. Stechen Sie dann mit dem Beitel in einem Winkel von etwa 45° seitlich zur Linie hin ein, um die Kerbe zu schneiden. Legen Sie dann das Sägeblatt in die Kerbe und führen Sie den Sägeschnitt aus. Wenn Sie gut sägen, erhalten Sie so eine schöne Brüstung oder einen sauberen Ablängschnitt, der mit dem Hobel nur noch wenig verputzt werden muss, um ihn fertigzustellen.

1 Eine gute Sägekerbe erleichtert es, das Sägeblatt genau dort anzulegen, wo Sie sägen möchten. Schneiden Sie zuerst einen einfachen Riss an.

2 Stechen Sie dann von der Verschnittseite her mit dem Beitel wiederholt bis zum Riss ein, um eine kleine Kerbe zu schneiden.

3 Die breite, flache Kerbe führt das Sägeblatt am ursprünglichen Riss entlang.

KENNZEICHNUNGEN

Man kann sein Rohmaterial und seine Bauteile auf ganz unterschiedliche Weise kennzeichnen, aber ich verwende fast ausschließlich zwei Markierungsarten.

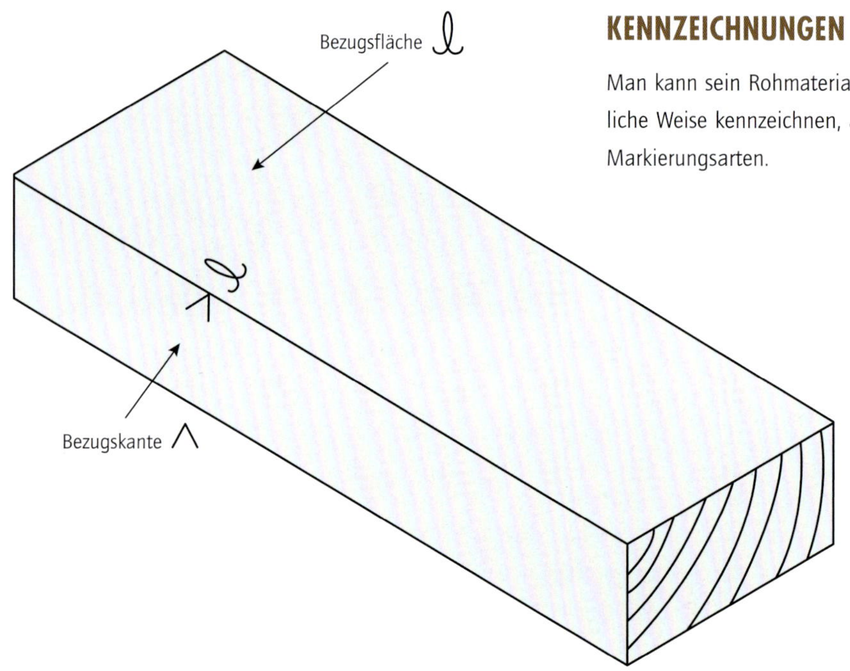

Bezugsflächen und -kanten markieren
Mit zwei einfachen Zeichen kann man deutlich machen, dass eine Kante und eine Fläche senkrecht zueinander stehen.

Bezugsfläche/Bezugskante

Es ist wichtig, die Fläche und die Kante zu kennzeichnen, die bei den folgenden Arbeitsschritten als Bezug verwendet werden sollen. Am leichtesten geschieht das mit den beiden Markierungen, die in der Abbildung zu sehen sind.

Tischlerdreiecke

Ich habe schon viele Markierungen und Zeichen gesehen, mit denen Holzwerker versuchen, die Bauteile auf ihrer Werkbank zu identifizieren und in der richtigen Lage zu behalten. Worte wie innen, außen, oben, unten, links, rechts, vorne, hinten; die Liste lässt sich fortsetzen. Ich habe auch die unterschiedlichsten Kombinationen aus Ziffern und Buchstaben gesehen, die mich vermuten ließen, dass sie sich nur mit einem umfangreichen Schlüssel dekodieren ließen.

Vergessen Sie das alles. Setzen Sie stattdessen auf das bewährte Tischlerdreieck. Mit einem einfachen Dreieck, das Sie auf Ihre Bauteile zeichnen, können Sie diese nach Zusammengehörigkeit und Lage organisieren. Sehen Sie sich die Abbildungen an und Sie werden verstehen, was ich meine. Die Bauteile werden so markiert, dass sich auf ihnen ein Dreieck zeigt, wenn man sie richtig zusammenlegt. Dadurch wird auch festgelegt, wo vorne, hinten, links und rechts ist. Zudem verweist die Außenseite des Dreiecks darauf, wo die Außenfläche des Bauteils liegt. Entsprechend weist die Innenseite des Dreiecks auf die Innenfläche. Diese Markierungskonvention lässt sich für alle zusammengehörenden Bauteile verwenden, von den Teilen eines Korpus bis hin zu Möbelbeinen. Falls die Bauteile auf der Hobelbank durcheinander geraten sind, ordnen Sie sie einfach so an, dass sich das Dreieck ergibt, und alles ist wieder in Ordnung. Ich verwende viel Zeit darauf, Holz so zusammenzustellen, dass die Farbe und die Maserung möglichst gut zusammenpassen. Mit dieser Markierungskonvention kann ich sicher sein, später nicht alles wieder zu vermischen.

Das Tischlerdreieck

Wenn man ein einfaches Dreieck auf die Flächen oder Kanten des Materials zeichnet, kann man später leicht erkennen, welche Teile wie zusammengehören.

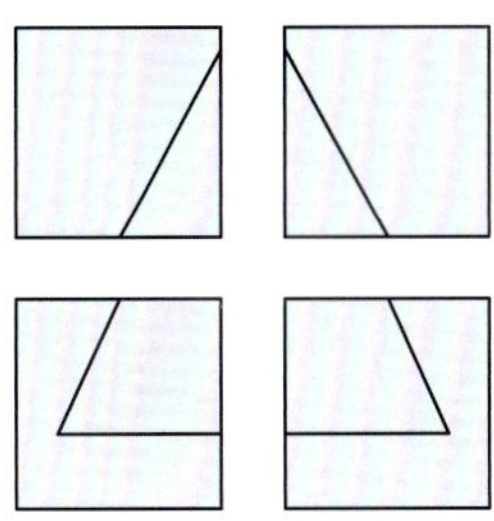

Oberes Ende von vier Beinen

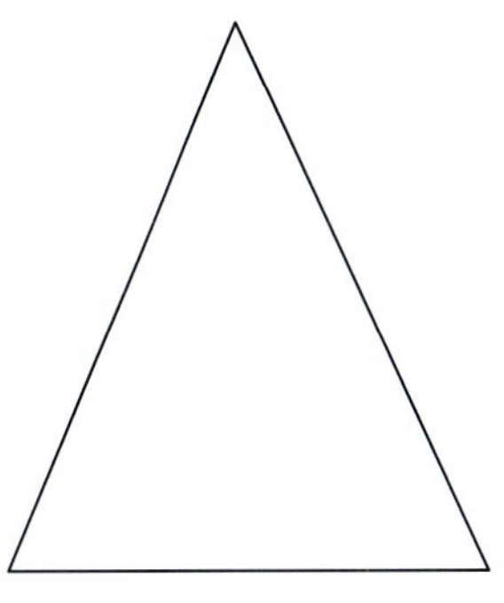

Tischlerdreieck

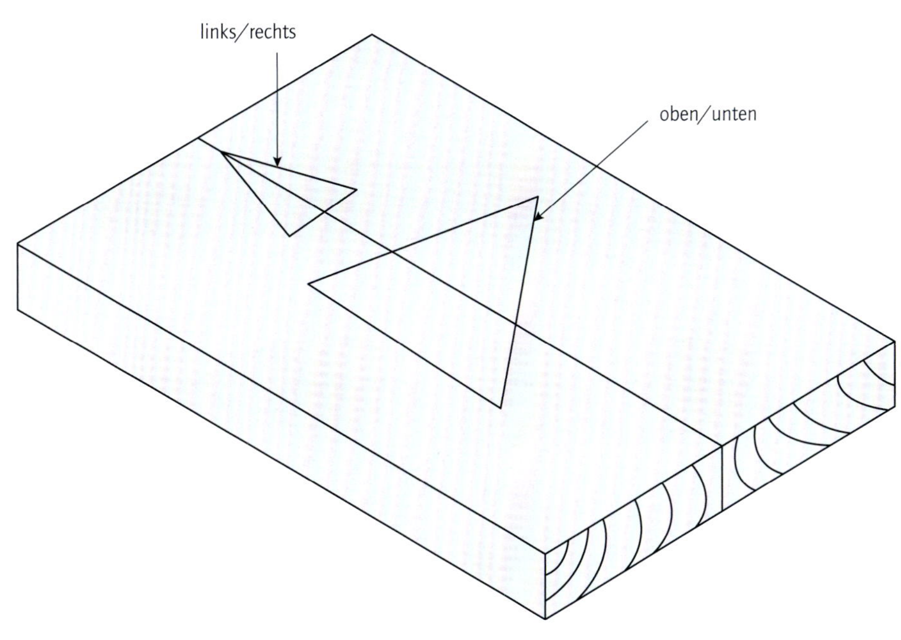

KAPITEL 4

WERKZEUGE SCHÄRFEN UND INSTAND HALTEN FÜR PRAKTIKER

Über das Thema Schärfen ist schon viel zu viel geschrieben worden. In den Internetforen der Holzwerker findet man Hinweise zu den kleinsten Details, aber die Grundlagen scheinen aus dem Blick geraten zu sein. Eigentlich ist es ganz einfach: Alles, was scharf ist, hat zwei ebene und glatte Flächen, die an einer Schneide zusammentreffen. Es kommt nicht darauf an, wie man diese Schneide herstellt - ob mit einer Maschine oder mit einem Wasserstein, ob man eine Vorrichtung verwendet oder nicht - das Ziel bleibt das gleiche. Es gibt Menschen, die sich so ausgiebig über das Schärfen verbreiten, dass man ganz vergisst, dass sie auch Holz bearbeiten. Ich befürchte, sie vergessen das manchmal selbst auch. Mein Ziel ist einfach: Das Werkzeug wieder scharf machen und wieder Holz zu bearbeiten.

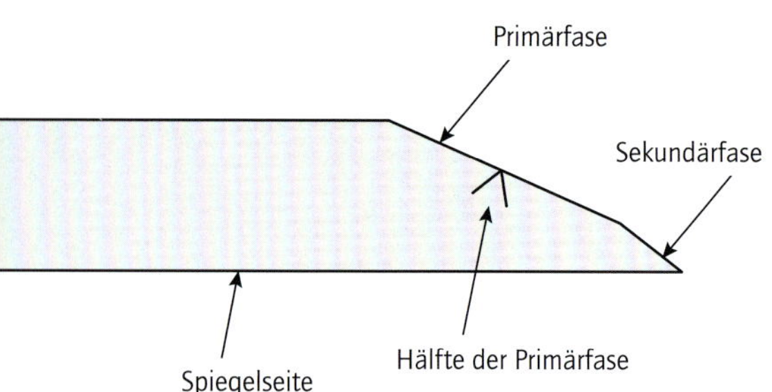

Hobeleisenformen

Runde Eisennecken

Scharfe Eisennecken

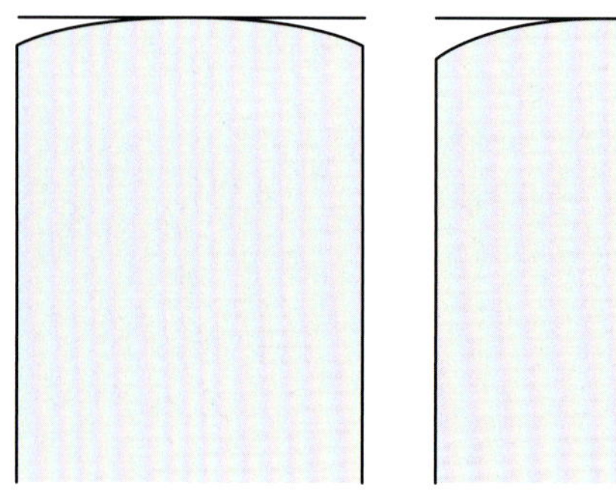

Leicht balliges Eisen

Stark balliges Eisen

TERMINOLOGIE

Unabhängig vom Werkzeug, das man schärft, lässt sich der Vorgang in drei grundlegende Schritte unterteilen.

Schleifen
In dieser ersten Phase wird die Geometrie der Schneide festgelegt.

Schärfen
Im zweiten Schritt wird die Schneide geschärft. Bei Werkzeugen, die für grobe Arbeiten verwendet werden – Äxte, manche Hobel –, kann man nach diesem Schritt aufhören.

Abziehen
Die abschließende Bearbeitung der Schneide, um sie für feinere Arbeiten und saubere Schnitte herzurichten.

Gerade Fase
Eine gerade Fase erreicht man auf manchen Schleifwerkzeugen wie stationären Schleifsteinen, Schleifpapier auf Glas oder einer waagerecht laufenden Schleifscheibe in einer Schleifmaschine.

Hohlfase
Eine konkave Fase entsteht beim Schleifen an einer senkrechtstehenden Schleifscheibe in einer Schleifmaschine.

Primäre Fase
Stellen Sie sich die Primärfase als Ausgangspunkt vor. Wenn man ein Werkzeug wiederholt geschärft hat oder falls die Schneide beschädigt worden ist, kehrt man zu dieser primären Fase zurück. Sie wird während des Schleifens angearbeitet.

Sekundäre Fase – (oder Mikrofase)
Ein schmaler Streifen an der Schneide, der steiler angeschliffen ist als die Primärfase. Die Mikrofase dient nur der Zeitersparnis beim Abziehen der Schneide.

HERSTELLEN DER PRIMÄRFASE

Ich verwende in meiner Werkstatt eine Schleifmaschine mit 150-mm-Schleifscheibe, weil sie schnell und effizient arbeitet. Falls Sie keine Schleifmaschine besitzen, können Sie natürlich auch mit einem Schleifstein in 220er Körnung arbeiten. Ich schleife meine Schneiden alle mit einer Primärfase von 25°, damit ich die Einstellung der Werkzeugauflage an der Schleifmaschine nicht verändern muss. Außerdem kann ich so sicher sein, dass ich immer die gleiche Schneidengeometrie erhalte. Eine Primärfase schleife ich nur an, wenn die Sekundärfase sich über die Hälfte der Primärfase erstreckt oder wenn ich die Schneide so beschädigt habe, dass die Wiederherstellung sehr viel Arbeit erfordert.

Mit einer guten Schleifscheibe und einigen Zubehörteilen lassen sich an einer einfachen Schleifmaschine alle Schärfarbeiten ausführen, die in einer typischen kleinen Werkstatt anfallen.

DIE SPIEGELSEITE ABRICHTEN

Denken Sie daran, dass eine scharfe Schneide entsteht, wenn zwei Flächen aufeinandertreffen. Genauso wichtig wie die Fase ist die andere Fläche, die sogenannte Spiegelseite. Wenn Sie den Fasenwinkel an der Schleifmaschine festgelegt haben, stellen Sie mit einem Schleifstein oder einem anderen Schleifmittel ihrer Wahl sicher, dass die Spiegelseite eben ist. Dabei muss nicht die gesamte Spiegelseite abgerichtet werden – etwa 25 mm am unteren Ende der Klinge oder des Eisens reichen vollauf. Wenn man diesen Abschnitt mit Permanentmarker schraffiert, kann man gut erkennen, wann er eben abgerichtet ist, weil dann die Schraffur verschwunden ist. Ich beginne dabei mit einem 3000er Stein und arbeite mich dann bis zu einer Körnung von 10000 für das abschließende Polieren hoch.

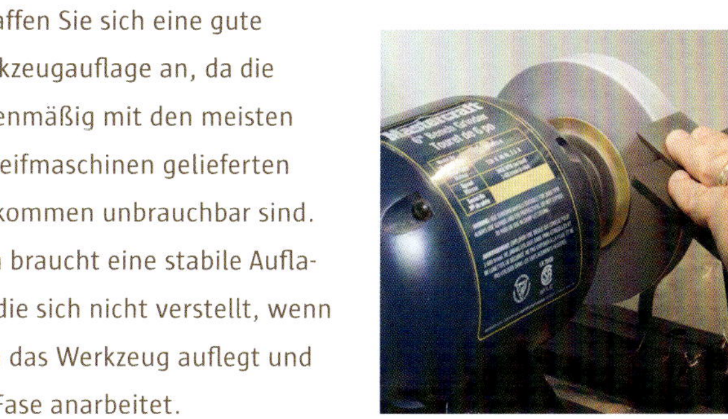

Schaffen Sie sich eine gute Werkzeugauflage an, da die serienmäßig mit den meisten Schleifmaschinen gelieferten vollkommen unbrauchbar sind. Man braucht eine stabile Auflage, die sich nicht verstellt, wenn man das Werkzeug auflegt und die Fase anarbeitet.

Mit einem Schleifstein werden etwa 25 mm der Spiegelseite abgerichtet. Wenn die Schleifspuren hier ein gleichmäßiges Muster ergeben, ist der Abschnitt eben.

MIT SCHLEIFHILFE ODER OHNE?

Ein anderes Thema, das zu heißen Diskussionen Anlass gibt, ist die Verwendung von Schleifhilfen. Ich selbst verwende beim Schleifen meist eine Schleifhilfe, da ich so innerhalb kurzer Zeit vorhersehbare Ergebnisse erziele. Dann kann ich mich mit einer zuverlässigen Schneide wieder dem Holz zuwenden. Ich habe in der Schule gelernt, wie man mit der Hand schärft, habe aber diese Methode aufgegeben, weil es zu schwierig ist, die Schneidengeometrie beizubehalten. Der Fasenwinkel wird dabei meist bei wiederholten Schleifvorgängen immer etwas kleiner. Ich halte das Schärfen mit der Hand für eine romantische Vorstellung, mit der sich gegenüber anderen Holzwerkern vielleicht angeben lässt, auf die man aber verzichten sollte, wenn man wirklich arbeiten will. Dann sollte man zu einer Schleifhilfe greifen.

Ich habe im Laufe der Zeit schon einige Schleifmethoden ausprobiert; entschieden habe ich mich dann für diese.

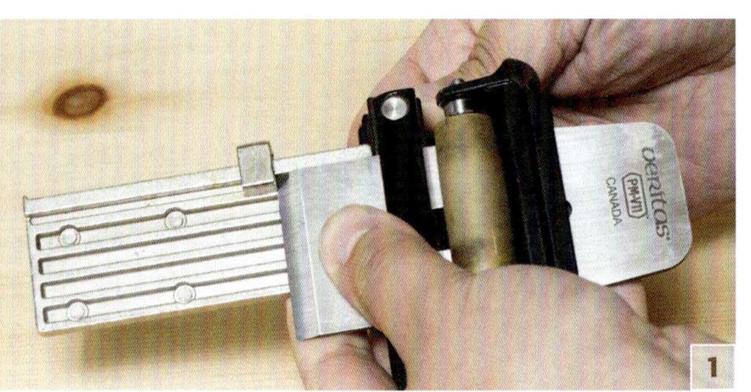

1 Das Eisen wird in die Schleifhilfe eingespannt und auf den gewünschten Winkel eingestellt.

DIE SEKUNDÄRFASE ABZIEHEN UND POLIEREN

Um die Schneide abzuziehen und zu polieren, verwende ich meine japanischen Wassersteine und eine Vorrichtung, in der ich das Eisen einspanne. Meist kennzeichne ich den Fasenwinkel mit Permanentmarker an der Klinge oder dem Eisen. Es dauert kaum eine halbe Minute und man hat das Eisen in der Schleifhilfe eingespannt. Dann geht es zu den Schleifsteinen. Die Sekundärfase wird mit einem 3000er Stein abgezogen, der Stein, mit dem ich dann poliere, kann eine Körnung von bis zu 10000 aufweisen.

Wenn die Mikrofase hinreichend abgezogen und poliert ist, sollten Sie auf der Spiegelseite einen kleinen Grat spüren. Dieser Grat muss dann nur noch mit einigen Strichen auf Ihrem feinsten Schleifmittel abgezogen werden. Dann kann man das Eisen aus der Schleifhilfe nehmen und weiter arbeiten.

2 Um die Fase abzuziehen, müssen sowohl die Walze der Hilfsvorrichtung als auch die Fase des Eisens auf dem Schleifstein aufliegen, während man das Eisen hin und zurück über den Stein führt.

3 Nach dem Abziehen der Fase wird das Eisen umgedreht und man nimmt mit wenigen Strichen über den Stein den Grat an der Spiegelseite ab.

MEIN SCHÄRFEIMER

Mein Schärfeimer macht den Umgang mit Wassersteinen leicht. Wassersteine können eine recht schmutzige Angelegenheit sein, und es kann schwierig sein, nicht die gesamte Umgebung anzufeuchten. Ich lagere meine Schleifsteine in einem wassergefüllten Eimer, sodass sie immer einsatzbereit sind.

Es ist leicht, die Steine abzurichten, indem man sie einfach über dem Eimer hält und bei Bedarf ins Wasser taucht. Ich habe eine Brückenhalterung hergestellt, die ich auf den Eimerrand lege, damit der Stein während der Arbeit gehalten wird. Diese Brücke erlaubt es, die Steine einfach mit Wasser zu spülen, ohne sich Sorgen darüber machen zu müssen, dass man ringsum alles nass macht. Wenn die Steine nicht mehr gebraucht werden, nehme ich die Brücke ab und lege den Deckel des Eimers wieder auf.

Wenn man die Wassersteine über einem einfachen 20-l-Eimer auflegt, werden Hobelbank und Werkstatt nicht vom Wasser in Mitleidenschaft gezogen.

Die Auflagebrücke ist an den Enden mit einfachen Holzfüßen versehen, um sie an Ort und Stelle zu halten. Die Auflage ist an der Oberseite mit Gummi beklebt, um den Stein zu halten.

NEHMEN SIE SICH ETWAS ZEIT FÜR DIE WERKZEUGPFLEGE

Stechbeitel sind recht einfach zu pflegen. Hobel sind auch relativ einfache Werkzeuge, aber sie weisen doch einige bewegliche Bestandteile auf, die man instand halten sollte. Wenn man den Hobel sowieso schon auseinandergenommen hat, um das Eisen zu schärfen, kann man auch gleich etwas Werkzeugpflege betreiben. Es ist viel besser, eine Minute in vorbeugende Pflege zu investieren, als eine Stunde für Instandsetzung aufwenden zu müssen. Ich führe die folgenden Schritte jedes Mal aus, wenn ich schärfe, um sicher zu gehen, dass ich sie nicht längere Zeit vergesse.

- Metallflächen werden von Flugrost gesäubert und geölt.
- Das Hobelinnere wird von Holzstaub und Verschmutzungen gereinigt.
- Alle Einstellmechanismen werden gesäubert und geölt.
- Alle Kanten am Hobelkorpus werden auf Dellen überprüft. Diese werden gegebenenfalls beseitigt.

Diese Arbeiten dauern nur einige Minuten, aber Ihr Werkzeug wird es Ihnen danken. Nach der Werkzeugpflege kommt dann das Vergnügen - das Arbeiten mit Holz.

Scheuen Sie nicht davor zurück, Ihren Hobel zu demontieren, um ihn instand zu halten.

Der Einstellmechnismus und alle anderen beweglichen Teile werden leicht geölt.

Ein kleiner Pinsel ist nützlich, um Späne und anderes zu entfernen, das sich bei der Arbeit im Hobelinneren angesammelt hat.

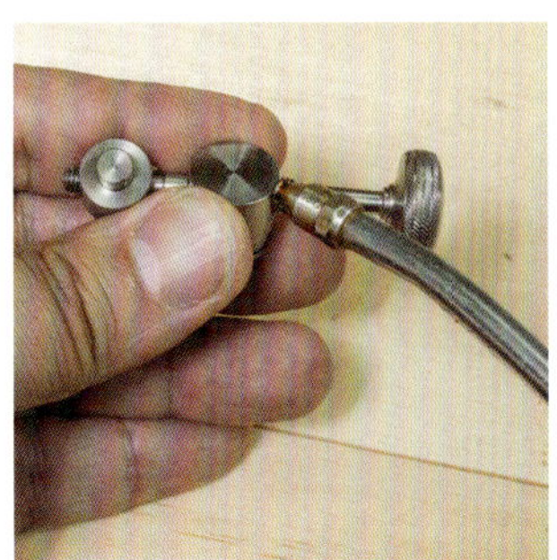

Auch alle Gewinde erhalten etwas Öl, um sie leichtgängig zu machen.

DER MINIMALISTISCHE HOLZWERKER – EINE CHECKLISTE

Werkstatt

Sie können sich auf das Wesentliche beschränken. Auf knapp zehn Quadratmetern können Sie schon arbeiten. Achten Sie vor allem auf folgende Punkte:

- **Elektrizität:** Wenn Sie vor allem mit Handwerkzeug arbeiten, ist die Beleuchtung der wichtigste Verbraucher.
- **Fußboden:** Der Fußboden sollte vorzugsweise weder Ihre Füße strapazieren noch ein Werkzeug sofort beschädigen, das vielleicht hinabfällt.
- **Heizung:** Eine eigene Werkstattheizung ist nur notwendig, wenn man in kalten oder feuchten Räumen (etwa im Keller) arbeiten möchte.
- **Werkzeuggrundausstattung:** Kaufen Sie nur das, was Sie auch verwenden werden. Denken Sie daran, dass weniger oft mehr ist.

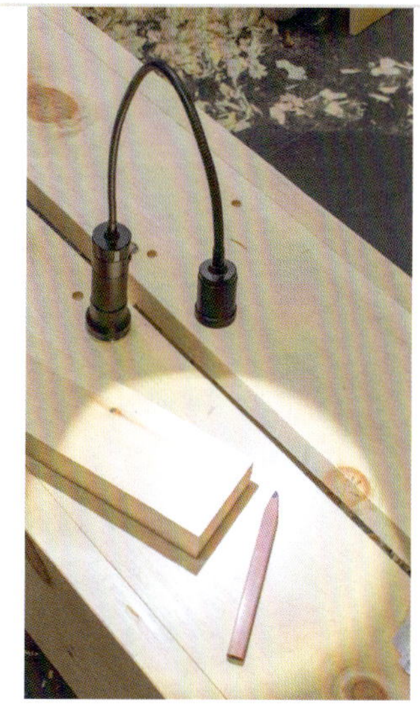

Schärfen:

Eine scharfe Schneide besteht einfach aus zwei Flächen, die in einer Linie aufeinanderstoßen. Man kann viele Methoden verwenden, um das zu erreichen. Man benötigt aber eigentlich nur eine kleine Ausstattung an Hilfsmitteln:

- Schleifmaschine
- Wassersteine
- Schleifhilfe
- 20-l-Eimer

EINE WERKZEUGAUSSTATTUNG FÜR MINIMALISTEN

Hobel

- Kurzraubank
- Simshobel
- Nuthobel
- Grundhobel

Sägen

- Fuchsschwanz
- Rückensäge
- Laubsäge

Messen und Anreißen

- Streichmaß mit Scheibenmesser
- Zirkel
- Stechzirkel
- Schmiege
- Großer Kombiwinkel
- Langes Stahllineal
- Kleiner Tischlerwinkel
- Ahle
- Kleines Cuttermesser
- Bleistifte

Bohren

- Bohrwinde
- Schlangenbohrer
- Handbohrmaschine
- Spiralbohrer

Sonstiges:

- Klauenhammer
- Schraubendreher
- Stechbeitel
- Klüpfel
- Zwingen
- Werkstattschürze

Nette Ergänzungen:

- Raubank
- Putzhobel
- Hirnholzhobel
- Falzhobel
- Große Schlitzsäge
- Große Absetzsäge
- Kleiner Kombiwinkel
- Kreideschlagschnur

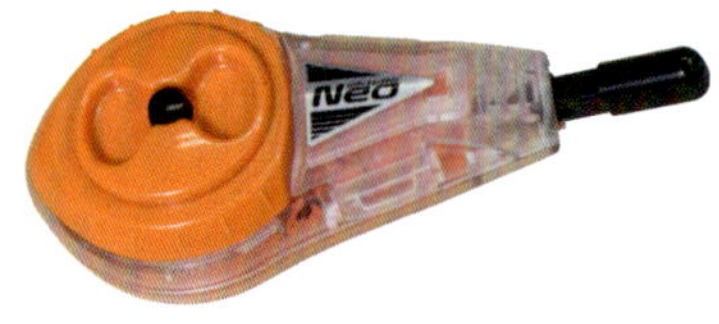

KAPITEL 5

SÄGEBANK UND SÄGEBOCK

Wenn man eine Sägebank und einen Sägebock baut, hat man schon einen guten ersten Schritt zur Ausstattung einer minimalistischen Holzwerkstatt unternommen. Die Bank macht sich beim Sägen und zahllosen anderen Arbeiten nützlich. Der Bock macht die Sägebank vielseitiger, weil man mit ihm lange Bretter abstützen kann. Der hier vorgestellte Bock ist außerdem so bemessen, dass er unter die Sägebank geschoben werden kann und dann keinen Platz mehr einnimmt.

Nicht nur das Sägen wird mit der Bank zum Vergnügen. Sie ist auch eine gute Arbeitsfläche für Montagen, hat genau die richtige Höhe, um mit der Bohrwinde zu bohren, und man kann sie sogar als Sitzgelegenheit nutzen, wenn man zwischendurch einmal nachdenken muss. Die Verbindungen, die an den beiden Werkstücken angearbeitet werden müssen, sind nicht sehr schwierig, aber man lernt bei ihnen eine ganze Menge.

Die Oberkante des Sägebocks hat die gleiche Höhe wie die der Sägebank, damit zwischen den beiden Teilen aufgelegte Werkstücke waagerecht liegen. Die Sägebank weist einen Mittelschlitz auf, um Schnitte auf Breite zu erleichtern.

Werkzeug
Rückensäge
Fuchsschwanz (für Längsschnitte)
Dübelsäge
Laubsäge
Kurzraubank
Putzhobel
Simshobel
Streichmaß
Zirkel
Lineal
Bohrwinde und Bohrer
Stechbeitel
Klüpfel
Schraubendreher

Material
Astreines Nadelholz
Abklebeband
40-mm-Schrauben
Weißleim (PVAC-Kleber)

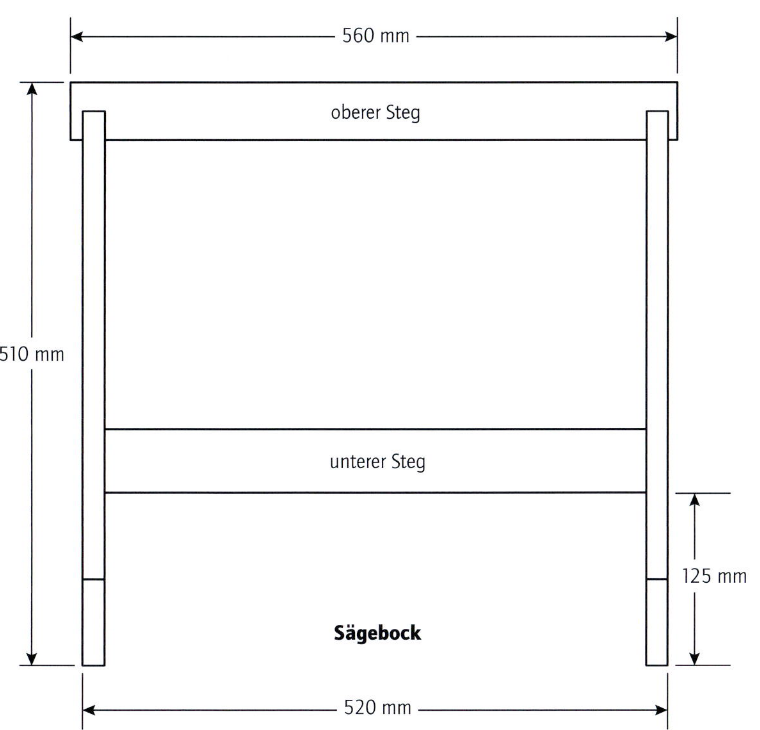

STÜCKLISTE – SÄGEBOCK

Bezeichnung	Anzahl	Länge	Breite	Dicke
Fuß	2	300	60	20
oberer Steg	1	560	60	20
unterer Steg	1	520	60	20
Bein	2	460	60	20

STÜCKLISTE – SÄGEBANK

Bezeichnung	Anzahl	Länge	Breite	Dicke
Platte	2	600	140	20
Bein	2	490	265	20
Steg	4	560	75	20

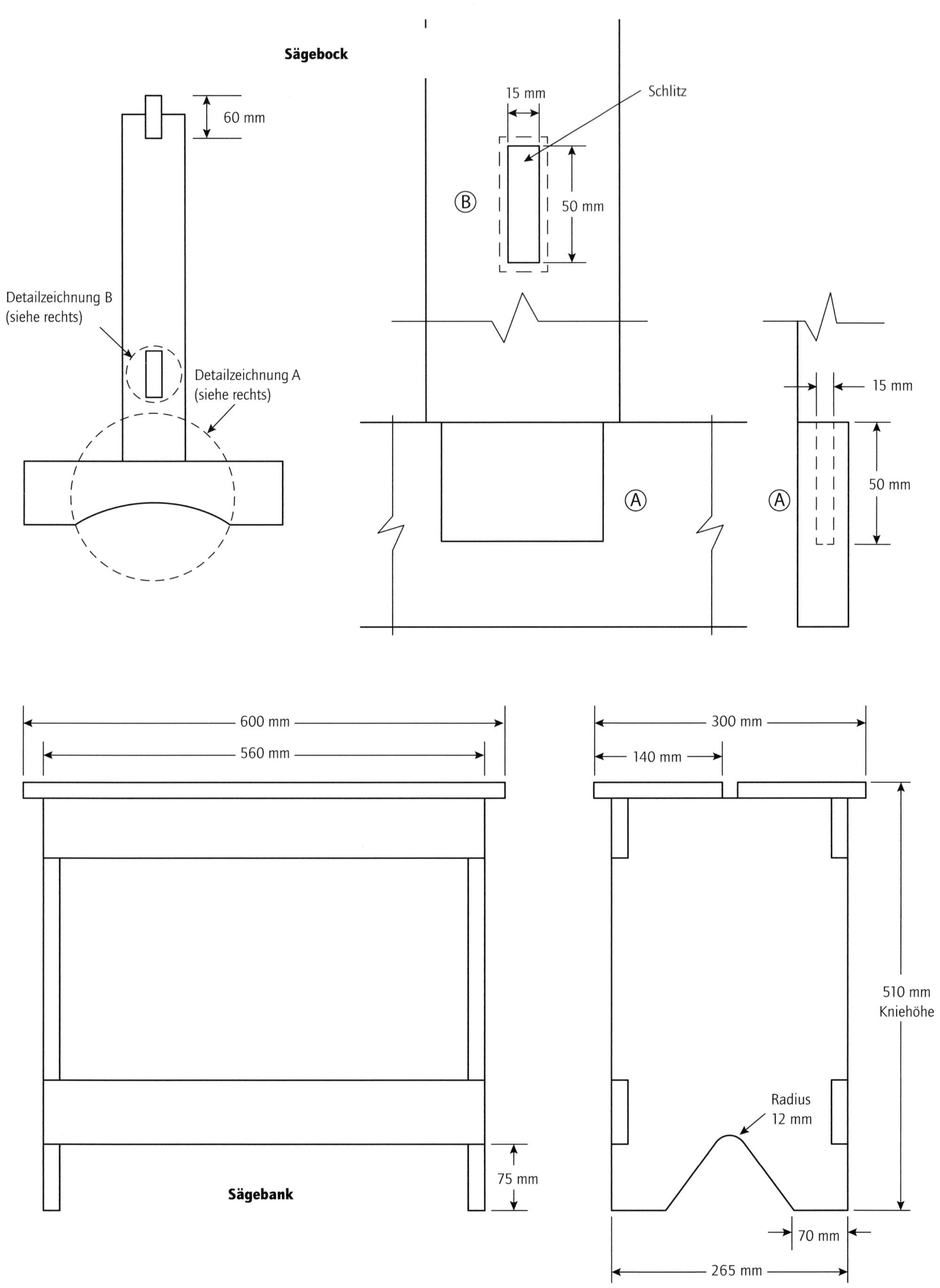
Sägebock
60 mm
Detailzeichnung B
(siehe rechts)
Detailzeichnung A
(siehe rechts)
15 mm
Schlitz
Ⓑ
50 mm
Ⓐ
Ⓐ
15 mm
50 mm
600 mm
560 mm
75 mm
Sägebank
300 mm
140 mm
510 mm
Kniehöhe
Radius
12 mm
70 mm
265 mm

SÄGEBANK

BAUTEILE AUSHOBELN

1 Reißen Sie alle Bauteile auf dem Rohmaterial an und unterteilen Sie das Brett in kleinere, leichter zu handhabende Elemente. Reißen Sie zuerst die Länge der beiden Beine quer über die Breite des Bretts an.

2 Die Platte wird angerissen, indem man die Breite des Bretts mit Hilfe des Lineals halbiert. Reißen Sie dann die Stege an, indem Sie die Brettbreite mit dem Lineal vierteln. Sie können sich die Rechenarbeit ersparen, indem Sie das Lineal diagonal über das Brett legen, bis eine Zentimetereinteilung (etwa: 24) bei einem leicht durch vier teilbaren Wert anliegt. Bei den dazwischen liegenden Werten (im Beispiel also 6, 12 und 18) werden dann die Viertel markiert.

3 Vergessen Sie nicht, jedes Bauteil so zu kennzeichnen, dass Sie auf den ersten Blick sehen, wo es hingehört.

ALLE BAUTEILE ZUSCHNEIDEN

4 Führen Sie zuerst alle Ablängschnitte aus, um leichter zu handhabende, kürzere Teile zu erhalten.

5 Richten Sie jeweils eine Kante des Bauteils ab, bevor Sie es auf Breite schneiden. Die Kurzraubank ist für diese Arbeit gut geeignet.

4

1

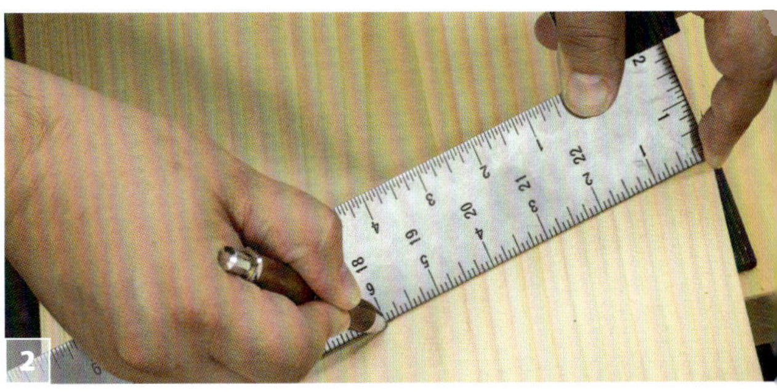
2

3

5

6 Legen Sie das Material auf eine ebene Fläche und sägen Sie es auf Breite.

7 Die Sägefuge kann dazu neigen, sich hinter dem Sägeblatt wieder zu schließen. Stecken Sie einen Keil in die Fuge, um dies zu verhindern.

8 Hobeln Sie alle Bauteile mit der Kurzraubank oder dem Putzhobel, um die Sägespuren zu entfernen.

9 Bringen Sie auf allen Bauteilen Tischlerdreiecke als Markierung an, um bei den weiteren Arbeiten ihre Zuordnung erkennen zu können.

10 Reißen Sie die Endlänge mit dem Winkel und einem Anreißmesser an.

11 Legen Sie eine Sägekerbe am Riss an, in die Sie das Sägeblatt einlegen können.

12 Achten Sie beim Absägen des Verschnitts darauf, dass das Sägeblatt senkrecht zur Fläche des Bauteils steht.

WAS IST EINE SÄGEKERBE?

Im Wesentlichen ist eine Sägekerbe genau das, was der Name sagt: eine kleine Kerbe, in die man das Sägeblatt einlegt, um sicher zu stellen, das man genau dort sägt, wo man sägen möchte. Außerdem erhält man so eine saubere Kante an der Brüstung, was wesentlich zum sauberen Aussehen von Verbindungen beiträgt.

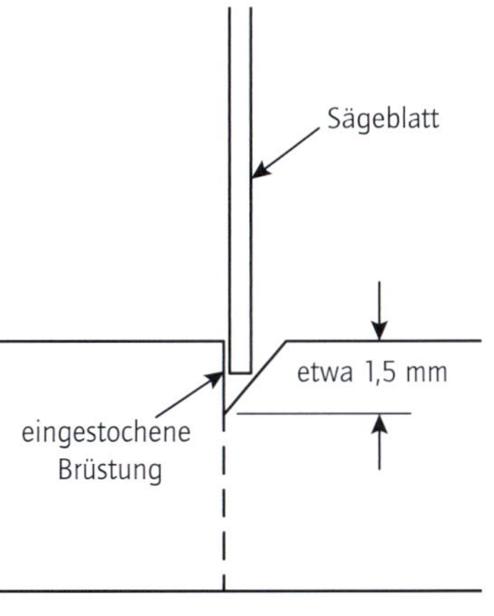

VERBINDUNGEN AN DEN BEINEN ANREISSEN

13 Die Breite der Stege wird an den Beinen angerissen, indem man diese als Schablone auf die Beine legt. Reißen Sie die Breite mit einem Messer an und ziehen Sie den Riss mit einem Bleistift nach, um ihn besser sichtbar zu machen.

14 Stellen Sie das Streichmaß auf die Stärke des Stegs ein.

15 Reißen Sie die Stärke des Stegs auf dem Material für die Beine an.

13

14

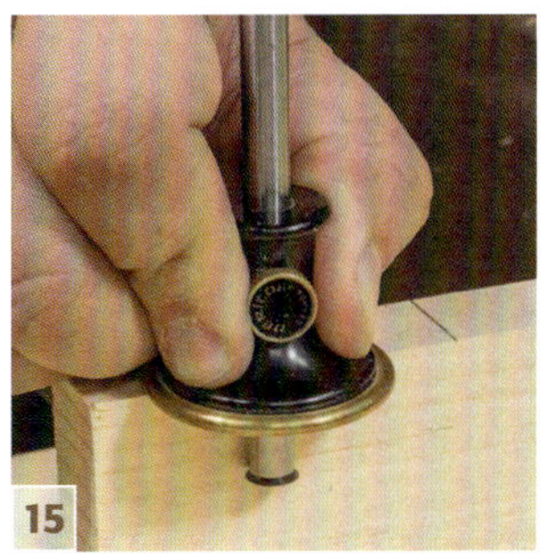
15

16

16 Die Stärke wird auf beiden Seiten angerissen und die Risse werden mit dem Winkel und einem Anreißmesser mit der Kante verbunden.

17 Schraffieren Sie den Verschnitt mit dem Bleistift, um sicherzustellen, dass Sie auf der richtigen Seite des Risses sägen.

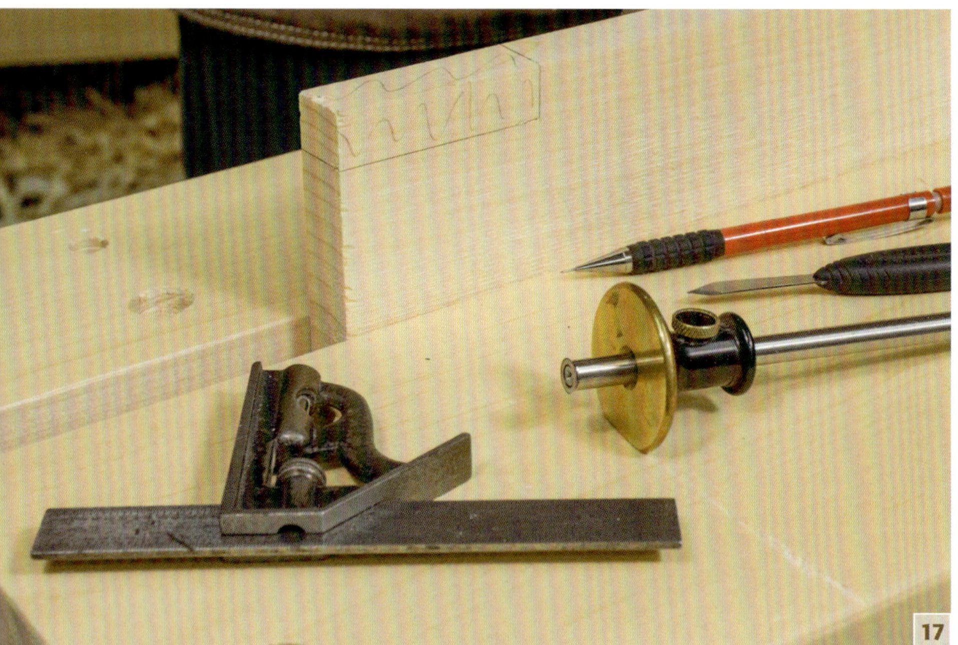
17

ZUERST ALLES ANREISSEN

Reißen Sie alle Verbindungen an, bevor Sie damit beginnen, sie anzuschneiden. Das An-reißen läuft dann glatt von der Hand und Sie müssen sich nicht damit plagen, einen Winkel an einem Stück Holz anlegen zu wollen, das Sie zuvor schon abgesägt haben.

18

DIE AUSSCHNITTE AN DEN BEINEN ANREISSEN

18 Markieren Sie an der Unterkante der Beine die Mittellinie. Stellen Sie dann den Kombiwinkel auf die Breite des Stegs ein. Ziehen Sie in dieser Entfernung parallel zur Unterseite eine waagerechte Linie durch die Mittellinie. Tragen Sie dann mit dem Bleistift von beiden Seiten des Beins die Breite des Stegs zur Mitte hin ab.

19

20

19 Zeichnen Sie mit dem Zirkel die obere Hälfte eines 20-mm-Kreise um den Schnittpunkt der Mittellinie und der waagerechten Linie.

20 Zeichnen Sie Tangenten von den Markierungen an der Unterkante bis zum Kreis.

DIE AUSKLINKUNGEN FÜR DIE OBEREN STEGE SCHNEIDEN

21 Sägen Sie mit der Rückensäge bis zur Tiefe der Ausklinkungen an den Beinen ein.

22 Spannen Sie das Material ein und sägen Sie mit dem Fuchsschwanz den zweiten Schnitt der Ausklinkung.

23 Der Verschnitt fällt von allein ab.

24 Gegebenenfalls können Sie jetzt mit dem Stechbeitel nacharbeiten. Führen Sie dazu lange schälende Schnitte aus, um die Verbindung bis zu den Schnitten zu verputzen.

21

22

DIE AUSKLINKUNGEN FÜR DIE UNTEREN STEGE SCHNEIDEN

25 Sägen Sie mit der Rückensäge die Brüstungen bis zur Tiefe der Ausklinkung ein. Entfernen Sie dann den Großteil des Verschnitts mit der Laubsäge. Sägen Sie nicht ganz bis zum Riss, der Grund der Ausklinkung wird später nachgearbeitet.

26 Legen Sie das Material flach auf die Arbeitsfläche und stechen Sie den Grund mit dem Beitel nach. Arbeiten Sie langsam, damit Sie nicht über den Riss hinausschneiden.

23

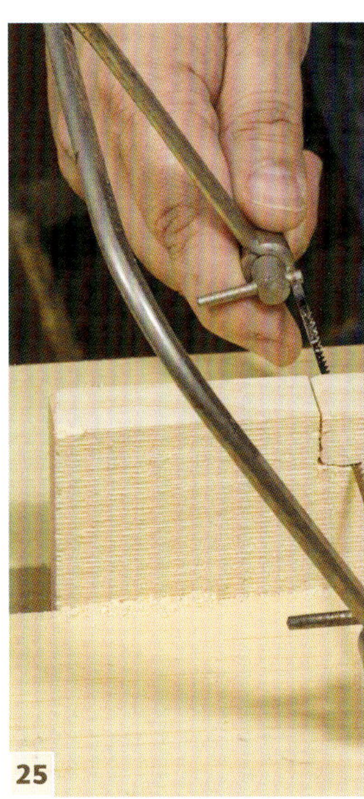
25

26

24

27 Stechen Sie zuerst von einer Seite bis zur halben Stärke des Materials ein, dann von der anderen Seite. So erhalten Sie saubere Schnittkanten.

28 Die fertigen Ausklinkungen werden mit dem Stechbeitel verputzt.

DIE AUSSCHNITTE AN DEN BEINEN SCHNEIDEN

29 Stechen Sie im Mittelpunkt des Kreises mit einer Ahle eine Vertiefung.

30 Bohren Sie mit der Bohrwinde und einem 20-mm-Schlangenbohrer ein Loch an dieser Stelle.

31 Sägen Sie an den Rissen entlang den Verschnitt frei. Mir fällt das leichter, wenn ich das Brett neige, sodass ich den Schnitt senkrecht führen kann.

32 Verputzen Sie die Sägeschnitte gegebenenfalls mit der Feile.

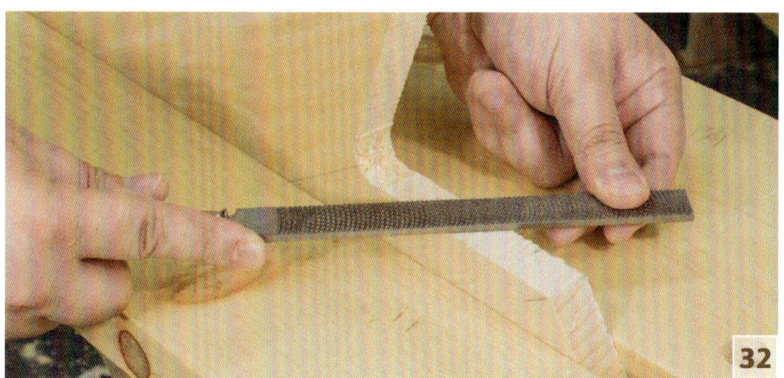

STEGE UND PLATTEN ANBRINGEN

33 Stecken Sie den oberen und unteren Steg trocken in ein Bein ein und bohren Sie 3-mm-Führungslöcher für die Schrauben. Geben Sie dann Leim an die Verbindungen an, stecken Sie die Stege wieder ein und befestigen Sie sie mit Schrauben. Wiederholen Sie den Vorgang am zweiten Bein.

34 Markieren Sie an beiden Beinen oben die Mittellinie. Bringen Sie in 12 mm Entfernung von der Mittellinie auf beiden Seiten eine Markierung an. Stellen Sie sicher, dass der Überhang an beiden Enden gleich ist. Wenn die Platten in der richtigen Position liegen, bohren Sie Führungslöcher und schrauben Sie die Platten an. Die Platten werden nicht mit dem Gestell verleimt, damit man sie leichter auswechseln kann, wenn sie Verschleißerscheinungen zeigen.

34

33

SÄGEBOCK

ALLE BAUTEILE VORBEREITEN UND SCHLITZE IN DIE FÜSSE SCHNEIDEN

1 Reißen Sie alle Bauteile auf dem Material an. Sägen Sie sie dann grob aus und bringen Sie sie mit dem Hobel auf Maß. Konzentrieren Sie sich dann auf die Füße. Reißen Sie mit dem Winkel und einem Anreißmesser auf der Ober- und Unterseite die Schlitze mit den Abmessungen 8 x 50 mm an.

1

2 Die Breite des Schlitzes wird mit dem Streichmaß angerissen. Reißen Sie von beiden Seiten her an, damit der Schlitz mittig im Bauteil liegt.

3 Mit einem Stück Klebeband lässt sich am Bohrer die Bohrtiefe leicht markieren. Entfernen Sie den Verschnitt mit einem 6-mm-Schlangenbohrer

3

2

4 Stechen Sie die Brüstungen mit dem Beitel bis zu den Rissen senkrecht nach. Wenn dann auch die Enden rechtwinklig nachgestochen sind, ist der Schlitz fertig.

DIE ZAPFEN AN DEN BEINEN ANREISSEN

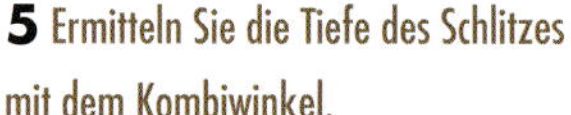

5 Ermitteln Sie die Tiefe des Schlitzes mit dem Kombiwinkel.

6 Stellen Sie das Streichmaß auf 1–2 mm weniger als diese Tiefe ein. So stellen Sie sicher, dass der Zapfen nicht auf den Grund des Schlitzes trifft und dass sich die Verbindung schließt.

7 Reißen Sie die Brüstungen mit dem Streichmaß an.

8 Wenn Sie eine Sägekerbe einstechen, wird der Schnitt genauer.

9 Stellen Sie ein zweites Streichmaß für die Wangen ein. Reißen Sie sie zu dieser Zeit mit geringem Übermaß an. Sie werden später nachgearbeitet, um eine perfekte Passung zu erreichen.

DIE ZAPFEN AN DEN BEINEN ANSCHNEIDEN

10 Die Zapfen werden angeschnitten, indem man zuerst die Brüstungen sägt.

11 Spannen Sie das Bauteil senkrecht ein und sägen Sie die Wangen frei.

12 Überprüfen Sie die Passung und arbeiten Sie sie nach, falls nötig. Schneiden Sie die Zapfenwangen mit dem Simshobel nach, bis sich die Zapfen mit leichtem Druck in die Schlitze schieben lassen.

13 Achten Sie darauf, von beiden Wangen gleich viel Material abzunehmen, damit der Zapfen mittig steht.

14 Die kurzen Brüstungen werden angerissen, indem man den Zapfen auf das geschlitzte Teil legt und die Breite des Schlitzes auf den Zapfen überträgt.

15 Diese Markierungen werden mit dem Winkel auf die Wangen umgewinkelt. Dann wird bis zur Zapfenbrüstung senkrecht eingesägt.

13

10

11

14

12

15

16 Spannen Sie das Stück um und schneiden Sie die Brüstung. Kontrollieren Sie die Passung der Verbindung und arbeiten Sie sie nötigenfalls nach.

16

17

18

19

20

DIE SCHLITZE FÜR DEN UNTEREN STEG ANREISSEN UND SCHNEIDEN

17 Reißen Sie in 75 mm Entfernung von der Zapfenbrüstung am Fußende eine Linie quer über das Bein. Richten Sie den Steg an diesem Riss aus und verwenden Sie die Breite des Stegs, um die Länge des Schlitzes festzulegen.

18 Markieren Sie die Mittellinie des Beins.

19 Reißen Sie auf beiden Seiten der Mittellinie in 4 mm Entfernung die Wandungen des 8 mm breiten Schlitzes an.

20 Winkeln Sie die Risse bis auf die andere Seite um und reißen Sie den Schlitz auch auf der anderen Seite des Beins an.

21 Entfernen Sie den Großteil des Verschnitts mit einem 6-mm-Schlangenbohrer. Legen Sie eine Zulage unter das Bein, damit der Bohrer beim Austritt auf der Rückseite keine Faserausrisse verursacht.

22 Putzen Sie bis zu den Rissen mit dem Stechbeitel nach. Arbeiten Sie dabei von beiden Seiten zur Mitte hin, um Faserausrisse zu vermeiden.

21

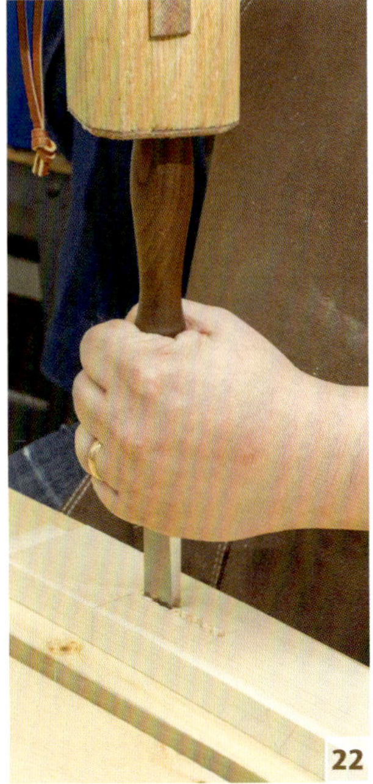
22

DIE ZAPFEN AM UNTEREN STEG ANREISSEN UND SCHNEIDEN

23 Stellen Sie das Streichmaß auf die Stärke der Beine des Sägebocks ein.

24 Übertragen Sie diese Maß auf die Enden der Stege. Die Zapfen werden mit Überlänge gearbeitet und nach der Montage bündig verputzt. Auf der Detailzeichnung zum Sägebock auf Seite 56 sind die Details zu erkennen.

23

24

25 Reißen Sie die Stärke des Zapfens mit dem Streichmaß an. Das kann mit einem einfachen Streichmaß in zwei Arbeitsgängen geschehen oder, wie hier zu sehen, in einem Zug mit einem Doppel- oder Zapfenstreichmaß.

26 Sägen Sie den Zapfen wie zuvor aus. Legen Sie eine Sägekerbe an, um genauer zu arbeiten. Wenn der Zapfen angeschnitten ist, wird die Passung kontrolliert und nötigenfalls nachgearbeitet, wie Sie es bei den vorigen Schlitz-und-Zapfen-Verbindungen getan haben.

DIE EINHÄLSUNGEN AM OBEREN ENDE DER BEINE ANREISSEN UND SCHNEIDEN

27 Übertragen Sie die Stärke des Stegs, indem Sie ihn direkt auf den Beinen auflegen. Richten Sie die Mittellinien der Bauteile aneinander aus.

28 Reißen Sie die Tiefe der Einhälsung mit dem Streichmaß an.

29 Sägen Sie zuerst bis zum Grund der Einhälsung ein.

27

28

25

26

29

30 Sägen Sie mit der Laubsäge etwas über dem Grund den Verschnitt aus.

31 Verputzen Sie den Grund mit einigen Schnitten des Stechbeitels.

32 Stecken Sie die Verbindung zur Probe zusammen, und arbeiten Sie die Passung nötigenfalls nach.

DIE KURVE AM FUSS ANREISSEN

33 Die Form des Fußes wird angerissen, indem man zuerst jeweils 25 mm von seinen Enden Markierungen anbringt.

34 Markieren Sie die Mittellinie des Fußes und bringen Sie 12 mm von der Unterkante entfernt auf der Mittellinie eine Markierung an.

35 Biegen Sie eine dünne Leiste so, dass sie an diesen drei Markierungen anliegt, und reißen Sie die Kurve mit dem Bleistift an.

36 So erhalten Sie einen glatten Kreisbogen.

37 Sägen Sie mit der Rückensäge etwa alle 15 mm bis zum Riss eine Reihe von Hilfsschnitten ein.

38 Stechen Sie mit einem 25-mm-Beitel, den Sie mit dem Klüpfel treiben, den Verschnitt aus. Die Spiegelseite liegt dabei oben.

39 Schneiden Sie von beiden Enden der Kurve zur Mitte hin ein, um die Gefahr von Faserausrissen zu verringern.

DIE KURVE SCHNEIDEN

40 Wenn der Großteil des Verschnitts entfernt worden ist, wird mit demselben Stechbeitel unter leichtem Druck durch die Hand bis zum Riss verputzt, um eine harmonische Kurve zu erhalten.

41 Der fertige Fuß ist nicht nur optisch ansprechend, er steht auch sicherer auf unebenen Böden.

42

DIE BEINE VORBEREITEN UND MONTIEREN

42 Stecken Sie die Füße, Beine und den unteren Steg trocken zusammen und passen Sie dann den oberen Steg ein. Wenn die Passung gut ist, werden alle Flächen mit dem Putzhobel versäubert. Stellen Sie den Hobel auf sehr geringe Spandicke ein, es geht nur darum, Bleistiftmarkierungen und leichte Verschmutzungen zu entfernen.

43 Geben Sie Leim in den Schlitz im Fuß. Stecken Sie den Zapfen in den Schlitz, und ziehen Sie die Verbindung mit einer Zwinge zusammen.

44 Eine Zwinge reicht aus, um das Bein zu verleimen. Lassen Sie den Leim nach dem Ansetzen der Zwinge mindestens 2 Stunden trocknen.

43

44

45

46

47

DIE BEINE MITEINANDER VERBINDEN

45 Geben Sie Leim in die Schlitze in den Beinen und auf die Zapfen am Steg.

46 Spannen Sie den unteren Steg an den Beinen an. Achten Sie darauf, dass die beiden Beine parallel zueinander stehen, wenn die Zwingen angezogen sind.

47 Geben Sie Leim an die Einhälsungen am oberen Beinende, wenn der Leim an den vorherigen Verbindungen trocken ist.

AUS ERFAHRUNG KLUG

Überschüssigen Leim von einer Verbindung zu entfernen kann schwierig sein. Wenn man zu früh versucht, ihn abzunehmen, verteilt sich der noch flüssige Leim einfach auf die gesamte Umgebung und verschmutzt das Holz. Wenn man zu lange wartet, reißt der hart gewordene Leim Fasern aus dem Holz, wenn man versucht, ihn abzuheben. Am besten lässt sich der Leim entfernen, wenn er eine gummiartige Konsistenz hat. Normalerweise ist das nach etwa 30 bis 60 Minuten der Fall.

48 Setzen Sie ein Paar Zwingen an, um den oberen Steg des Sägebocks zu halten.

49 Wenn der Leim trocken ist, werden die überstehenden Zapfenenden bündig geschnitten. Am besten geht das mit einer Dübelsäge. Falls man keine Dübelsäge besitzt, sägt man so dicht wie möglich am Bein und verputzt mit dem Stechbeitel.

50 Verputzen Sie dann alle Flächen mit leichten Hobelstößen.

49

48

51 Stellen Sie den Sägebock in die Sägebank, und verputzen Sie den oberen Steg des Bocks, bis er mit der Arbeitsfläche der Bank fluchtet.

50

51

VERWENDUNG DER SÄGEBANK UND DES SÄGEBOCKS

Die Sägebank und der Sägebock sind echte Arbeitspferde in der Werkstatt, die viele Jahre ihren Dienst leisten werden. Machen Sie sich keine Sorgen über Kratzer und Dellen ... das zeigt einfach nur, dass Sie arbeiten.

Auf der Sägebank abbreiten

Die Arbeit an der Sägebank bedarf kaum großer Erläuterungen. Man legt einfach das Brett, das gesägt werden soll, auf die Bank und legt los. Die Spalte in der Mitte benutzt man zum Abbreiten, indem man den Schnitt neben der Bank beginnt und das Brett dann in die Mitte setzt, während die Säge noch in der Sägefuge steckt. Vergessen Sie nicht, das Brett nach vorne zu verschieben, während Sie sägen, damit Sie nicht durch das Bein der Sägebank sägen. Bei längeren Brettern stellen Sie den Sägebock so weit wie nötig von der Sägebank auf, um das Werkstück abzustützen.

1 Das Werkstück wird mit dem Knie und dem eigenen Körpergewicht gehalten. Dann wird der Schnitt am Ende des Werkstücks angesetzt, das über die Sägebank hinausragt.

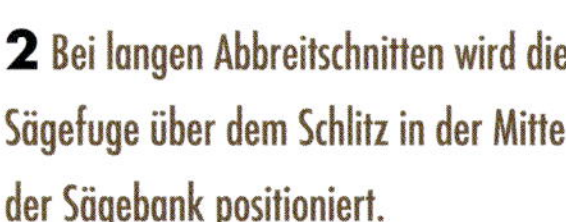

2 Bei langen Abbreitschnitten wird die Sägefuge über dem Schlitz in der Mitte der Sägebank positioniert.

3 Beim Ablängen kann längeres Material auf dem Sägebock abgestützt werden.

Bohrungen für Bankzubehör

Man kann die Arbeitsfläche der Sägebank mit Löchern versehen, die als Aufnahme für die vielen Zubehörteile dienen, die man kaufen oder selbst herstellen kann. Solches Zubehör mag zwar nicht unbedingt notwendig sein, erleichtert aber zweifelsohne manche Aufgaben.

Ein einfacher Anschlag ist wie eine zusätzliche helfende Hand

Wenn man einen einfachen Anschlag an einer Seite der Sägebank anbringt, kann man das Werkstück bei der Arbeit dagegen drücken, um es zu stabilisieren.

KAPITEL 6

STOSS- UND SÄGELADE

Das Geheimnis des erfolgreichen Arbeitens mit einer Hobelbank liegt darin, Werkstücke sicher auf ihr halten zu können. Damit meine ich nicht Bankzangen, sondern einfache Vorrichtungen, mit denen häufige Arbeiten mit Handwerkzeugen deutlich erleichtert werden. Die hier vorgestellte Vorrichtung ist vielseitig einsetzbar und eignet sich für zwei häufige Aufgaben: das Ablängen mit der Säge und das rechtwinklige Bestoßen der dabei entstandenen Hirnholzfläche. Wenn man erstmal sieht, wie mit der Stoßlade gearbeitet wird, fragt man sich, wie man je ohne sie auskommen konnte.

Die Gestaltung dieser Stoß- und Sägelade geht auf einen Entwurf der britischen Zeitschrift „The Woodworker" aus dem Jahr 1939 zurück. Ihre Besonderheit liegt darin, dass der Anschlag nachgestellt werden kann, wenn er abgenutzt ist, oder sich sogar vollkommen abnehmen lässt, wenn man Längsholzkanten abrichten möchte. Das Model stammt noch aus einer Zeit, in der man Vollholz anstatt von modernen Holzwerkstoffplatten verwendete. Wenn Sie Linkshänder sind, können Sie den Entwurf einfach abändern, indem Sie die Lage der Laufleiste und des Fußes gegeneinander tauschen. Über die Verwendung und die Arbeitstechniken lesen Sie später noch mehr.

Der Anschlag hält das Werkstück beim Ablängen. Danach kann man das Werkstück einfach seitlich verschieben, und das Hirnholz mit einem auf der Seite liegenden Hobel bestoßen. Es ist nicht immer einfach, einen Sägeschnitt in zwei Ebenen zugleich genau senkrecht zu schneiden. Mit der Lade kann man mit der Säge so gut wie möglich sägen und das Ergebnis dann mit dem Hobel nacharbeiten.

Der Hobel, den man zum Bestoßen verwendet, sollte einen effektiven Schnittwinkel von etwa 40° aufweisen. Dieser etwas geringere Schnittwinkel erleichtert die Bearbeitung von Hirnholz deutlich. Das soll nicht heißen, dass Sie sich eigens einen Bestoßhobel anschaffen müssen. Die meisten Hobel, bei denen das Eisen mit der Fase nach oben eingelegt wird, können diesen Schnittwinkel leicht erzielen.

Die Vorrichtung ist recht leicht zu bauen. Es ist aber wichtig, in der angegebenen Reihenfolge vorzugehen, damit alles funktioniert. Los geht's!

Werkzeug

Bleistift
Lineal
Fuchsschwanz (für Längsschnitte)
Kurzraubank
Leimspatel
Zwingen
Stechbeitel
Klüpfel
Cuttermesser
Rückensäge
Grundhobel
Tischler- oder Kombiwinkel
Bohrwinde und Bohrer
Pinsel
Schraubendreher

Material

Kiefer oder anderes Vollholz
40-mm-Schrauben
Weißleim (PVAC-Kleber)

STÜCKLISTE – SÄGEBOCK

Bezeichnung	Anzahl	Länge	Breite	Dicke
Auflage	400	200	20	20
Anschlag	200	50	30	20
Laufleiste	400	150	12	20
Fuß	400	50	12	20
Halteleiste	280	12	12	

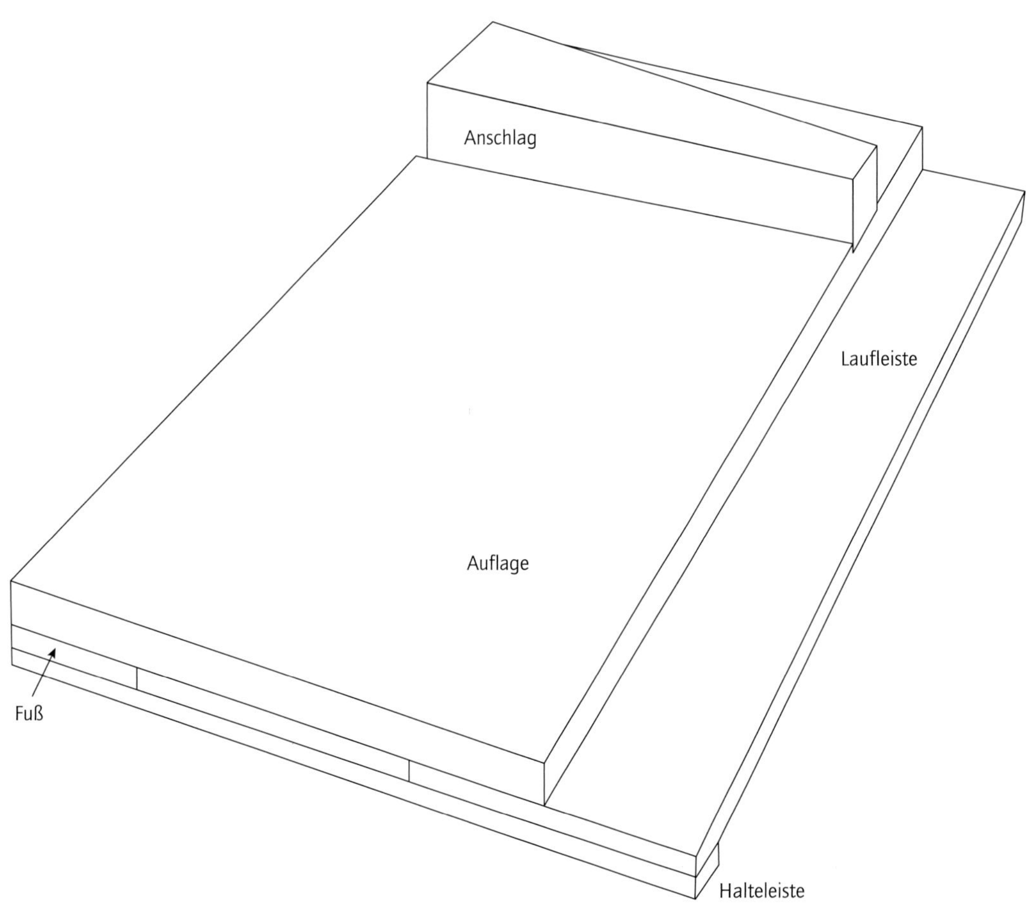

AUFLAGE UND ANSCHLAG BAUEN

1 Schneiden Sie zuerst alle Teile der Stückliste auf Maß. Richten Sie dann an jedem Teil eine Fläche und eine Kante ab. Verleimen Sie zwei 20 mm starke Teile zum Anschlag aneinander. Geben Sie dafür eine gleichmäßige Schicht Leim auf die beiden Leimflächen.

2 Spannen Sie die beiden Teile mit einigen Zwingen zusammen. Wenn an allen Seiten eine Perlenschnur aus Leim aus der Fuge austritt, wissen Sie, dass die Verleimung gut ist.

3 Reißen Sie die schräge Seite des Anschlags mit dem Lineal an, wenn die Verleimung trocken ist. Legen Sie das Lineal an einem Ende an der Ecke, am anderen Ende in der Mitte an. Verwenden Sie einen leichter zu erkennenden weißen Stift, wenn Sie auf dunklem Holz anreißen.

4 Sägen Sie die Schräge, und verputzen Sie dann mit dem Hobel, bis sie sich glatt anfühlt.

3

1

DIE NUT SCHNEIDEN

5 Reißen Sie im rechten Winkel zur rechten Kante der Auflage eine Linie an.

6 Legen Sie einen breiten Stechbeitel in den Messerriss und schieben Sie die gerade Kante der Anlage gegen den Beitel.

4

2

5

6

8
7

7 Drücken Sie den Anschlag fest gegen die Auflage, damit er sich nicht verschieben kann, und nehmen Sie den Stechbeitel ab. Reißen Sie an der schrägen Seite des Anschlags eine Linie an, ohne den Anschlag zu verschieben. Die Schräge sollte dabei zur oberen Seite der Auflage weisen.

8 Wenn Sie an beiden Messerrissen Sägekerben einstechen, lässt sich die Säge leichter präzise ansetzen, wenn Sie daran gehen, die Nut für den Anschlag zu schneiden.

9 Stellen Sie das Streichmaß auf etwa 5 mm ein und reißen Sie die Tiefe der Nut an, in die der Anschlag eingesetzt wird.

10 Legen Sie das Blatt Ihrer Rückensäge in die Sägekerbe und sägen Sie bis zum Tiefenriss.

11 Entfernen Sie den Großteil des Verschnitts mit dem Stechbeitel. Führen Sie den Beitel dabei mit der Fase nach unten, um möglichst große Kontrolle über den Schnitt zu haben

12 Schneiden Sie die Nut mit dem Grundhobel auf Endtiefe.

13 Bei sorgfältiger Arbeit mit dem Grundhobel erhalten Sie eine Nut mit glattem Grund, in die sich der Anschlag leicht einschieben lässt.

9
10

11

12

13

DEN ANSCHLAG ANBRINGEN

14 Stecken Sie den Anschlag vorsichtig in die schräge Nut ein und längen Sie ihn fast bündig mit der Kante der Auflage ab. Kontrollieren Sie, dass der Anschlag rechtwinklig zur Auflagekante steht.

15 Hobeln Sie eine kleine Fase (3 mm) an der Unterseite der Auflage an, damit sich dort nicht Holzstaub festsetzt und zu ungenauer Arbeit führt.

16 Fasen Sie auch die Kanten der Nut an, damit sie nicht beschädigt werden, wenn der Anschlag eingesteckt oder abgenommen wird.

14

15

16

LAUFLEISTE UND FUSS HERSTELLEN

17 Reißen Sie die Lage der Laufleiste, wie in der Zeichnung S. 76 angegeben, auf der Unterseite der Auflage an. Spannen Sie die Laufleiste provisorisch fest, um Führungslöcher bohren zu können.

18 Bohren Sie mit der Bohrwinde 3-mm-Löcher, um die Laufleiste an der Auflage zu befestigen.

17

18

19/20 Bringen Sie die Laufleiste mit Leim und Schrauben an. Befestigen Sie den Fuß auf die gleiche Weise.

21 Befestigen Sie die Halteleiste mit Leim und Schrauben am Fuß und an der Laufleiste.

22 Hobeln Sie mit einem auf der Seite liegenden Hobel den Anschlag mit der Auflage bündig.

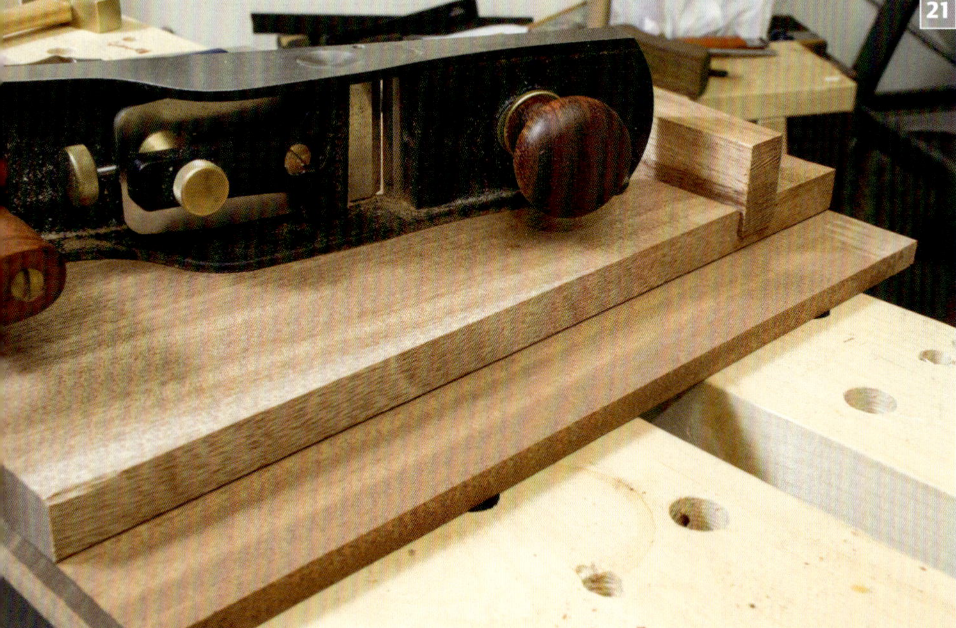

VERWENDUNGSHINWEISE

Traditionell wurde diese Lade nur zum Bestoßen von Bauteilen verwendet. Ich nutze meine aber auch zum Ablängen mit der Säge und spare mir dadurch eine zusätzliche Vorrichtung auf der Werkbank. Stoßladen und Sägeladen werden oft zusammen verwendet und ähneln sich auch im Aussehen wie in der Funktionalität. Was spricht also gegen eine solche Doppelnutzung?

Sägen

Wie die Sägebank ist auch die Sägelade intuitiv zu verwenden. Man legt einfach das Bauteil, das man ablängen möchte, an den Anschlag und sägt munter drauf los. Achten Sie aber darauf, nicht in den Anschlag zu sägen – das Werkstück sollte etwas über den Anschlag hinaus ragen.

Bestoßen

Nach dem Ablängen wird das Hirnholz bestoßen. Dafür legt man den Hobel mit der Seite nach unten auf die Laufleiste und korrigiert mit einigen Hobelstößen eventuelle Ungenauigkeiten, sodass das Hirnholzende des Werkstücks genau rechtwinklig und eben ist.

Langholz abrichten

Um ein Bauteil in Faserrichtung abzurichten, wird der Anschlag mit einigen leichten Klüpfelschlägen aus der schrägen Nut getrieben. Dann legt man das Werkstück auf die Auflage. Die Kante, die abgerichtet werden soll, muss nur geringfügig über die Kante der Auflage ragen (etwa 1,5 mm). Wenn man dann den Hobel am Werkstück entlang führt, erhält man eine senkrecht zur Fläche abgerichtete Kante.

Sägen

Bestoßen

Langholz abrichten

AUS ERFAHRUNG KLUG

Beim Abrichten ist es wichtig, dass die Seiten des Hobels genau senkrecht zu seiner Sohle stehen. Jede Abweichung von 90° wird getreulich auf das Werkstück übertragen.

KAPITEL 7

KLÜPFEL

Eine meiner Lieblingsbeschäftigungen als Holzwerker ist das Herstellen meiner eigenen Werkzeuge. Es ist ein unbeschreiblich befriedigendes Gefühl, ein maßgefertigtes Werkzeug zu schaffen, das perfekt in der Hand liegt und die Aufgabe erfüllt, für die man es hergestellt hat.

Ein Klüpfel aus Holz gehört zu den einfacheren Werkzeugen und ist zudem eines der nützlichsten. Das hier vorgestellte Beispiel hat zwei unterschiedliche Bahnen, um jeder schlagenden Aufgabe gewachsen zu sein, die man ihm stellen kann. Die eine Bahn besteht aus dem Hirnholz und ist gut geeignet, um Stechbeitel zu treiben oder einen Niederhalter in der Werkbank zu fixieren. Das Hirnholz ist hart und zäh und nimmt auch wiederholte Schläge nicht übel.

Die zweite Bahn ist mit Leder belegt und für Arbeiten gedacht, die etwas mehr Feingefühl erfordern. Wenn man Verbindungen zusammensteckt, muss man manchmal sanften Zwang ausüben, um sie vollkommen dicht zu bekommen. Dabei möchte man zwar hinreichende Kraft ausüben, aber andererseits die bereits verputzten Flächen nicht mit Klüpfelschlägen verderben. Sie werden diesen Klüpfel immer nahe bei der Hand haben wollen und sind vielleicht überrascht, wenn Sie feststellen, wie oft Sie nach ihm greifen.

Als Material dient ein Holz, das mehr aushält als Kiefer – Roteiche. Ein Klüpfel aus Kiefernholz hätte nicht das Gewicht und die Haltbarkeit, die man von einem solchen Werkzeug fordert.

Werkzeug
Bleistift
Lineal
Fuchsschwanz
Kurzraubank
Putzhobel
Anreißmesser
Streichmaß
Stechbeitel
Klüpfel
Grundhobel
Zwinge
Rückensäge
Schweifhobel
Wachsstift
Mehrzweckmesser
Hobel mit niedrigem Schnittwinkel

Material
Eiche
Leim
Sand
Leder
Kontaktkleber auf Wasserbasis
Leinölfirnis

STÜCKLISTE – KLÜPFEL

Bezeichnung	Anzahl	Länge	Breite	Dicke
Kopf	2	125	75	45
Stiel	1	310	45	20
Leder	1	90	75	5

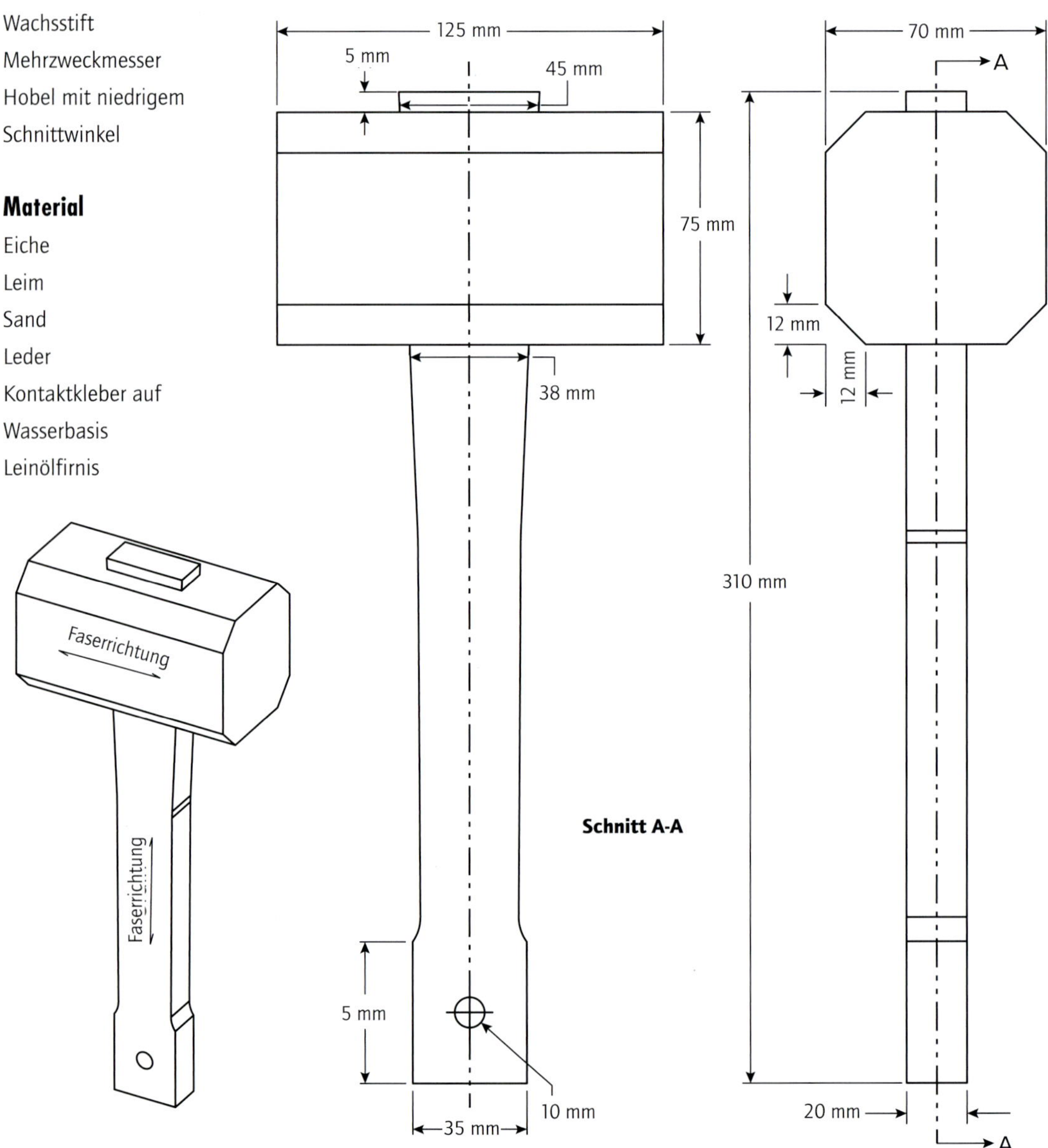

DER GROBE ZUSCHNITT

1 Reißen Sie zuerst den Klüpfelstiel auf dem Material an. Achten Sie auf den Faserverlauf. Das obere Ende des Stiels ist 45 mm breit, das untere ist 35 mm breit (vgl. Zeichnung auf S. 84). Verbinden Sie die beiden Enden durch schräge Risse.

2 Spannen Sie das Material senkrecht ein, und sägen Sie den Stiel mit dem Fuchsschwanz aus.

3 Verputzen Sie alle vier Seiten des Stiels mit der Kurzraubank oder einem Putzhobel.

2

3

VORBEREITUNG DES KLÜPFELKOPFS

4 Reißen Sie die Teile für den Klüpfelkopf an und sägen Sie sie aus. Glätten Sie die Innenseiten der beiden Hälften mit dem Putzhobel.

5 Markieren Sie den Mittelpunkt der Teile durch Diagonalen und reißen Sie eine senkrechte Mittellinie an.

6 Reißen Sie auf den Innenseiten des Kopfes die Breite der Nut an, in welche der Stiel eingelegt wird. Um sicherzustellen, dass die Risse präzise sind, halten Sie den Stiel gegen die Kopfteile und übertragen die Breite mit dem Anreißmesser.

7 Zeichnen Sie ein Tischlerdreieck auf die Oberseiten der beiden Kopfteile, damit die Teile während der Arbeit immer richtig ausgerichtet sind. Winkeln Sie dann die Risse für die Nut auf die Ober- und Unterseite des Klüpfelkopfs über.

4

1

5

6

7

8

10

9

11

8 Stellen Sie ein Streichmaß auf die halbe Stärke des Klüpfelstiels (10 mm) ein und reißen Sie die Tiefe der Nut oben und unten am Klüpfelkopf an.

9 Stechen Sie mit einem breiten Beitel die Nutwand. Stechen Sie abwechselnd senkrecht an der Nutwand nach unten und dann schräg von der Seite zur Wand hin. Stechen Sie die Nutwand so lange ab, bis Sie sich dem Grund der Nut nähern.

10 Stechen Sie auf die gleiche Weise die gegenüberliegende Nutwand frei und nehmen Sie so lange Verschnitt ab, bis in der Mitte nur noch eine kleine Erhebung verbleibt.

12

11 Wenn Sie so die beiden Wände angeschnitten haben, entfernen Sie mit wenigen Beitelstichen den verbliebenen Verschnitt.

12 Stellen Sie den Grundhobel auf die Endtiefe der Nut ein und entfernen Sie den letzten Verschnitt. Bei einem ringporigen Holz wie Eiche müssen Sie die Nut von beiden Seiten her schneiden, damit die Fasern nicht ausreißen.
Stecken Sie den Stiel trocken ein, um sicherzustellen, dass die Wandungen der Nut gleich hoch sind. Prüfen Sie auch, ob die beiden Kopfteile aufeinandertreffen, wenn der Stiel eingelegt wird. Wenn der Stiel zu dick sein soll, können Sie einfach mit dem Hobel etwas Material abnehmen.

DIE VERLEIMUNG DES KLÜPFELKOPFS

13 Geben Sie Leim an die beiden Innenflächen. Sparen Sie die Nuten dabei aus. Sie können ein paar Sandkörner auf den Leim streuen, damit sich die beiden Teile beim Zusammenzwingen nicht gegeneinander verschieben.

14 Legen Sie den Stiel in die eine Hälfte ein und die zweite Hälfte darüber. Sie verwenden so den Stiel als Lehre, um die richtige Position der Kopfhälften sicherzustellen. Spannen Sie die beiden Hälften mit Zwingen zusammen, wenn die Kopfhälften richtig ausgerichtet sind.

15 Markieren Sie die Position des Kopfes am Stiel, um später einen Bezug für die Formgebung des Stiels zu haben. Wenn die beiden Kopfhälften sicher eingespannt sind, nehmen Sie den Stiel wieder heraus, damit Sie ihn nicht versehentlich im Kopf festleimen. Wenn der Leim eine gummiartige Konsistenz hat, können Sie eventuell ausgetretenen Überschuss mit dem Stechbeitel abnehmen

13

14

15

WÄHREND DER KOPF TROCKNET

16 Reißen Sie 25 mm unterhalb der Stelle, wo später die Unterseite des Kopfes am Stiel liegen wird, eine Markierung an. Markieren Sie dann einen Punkt 45 mm vom unteren Ende und 6 mm von den Seiten. Verbinden Sie die beiden Markierungen mit einem Bleistiftstrich.

17 Schneiden Sie mehrmals mit der Rückensäge bis zu den Linien ein.

16

17

18 Entfernen Sie den Verschnitt an den Seiten des Stiels mit langen schälenden Schnitten des Beitels.

19 Formen Sie den Griffknauf am Stiel nach Ihren Wünschen. Fasen Sie das obere und untere Ende des Stiels mit dem Stechbeitel an.

20 Führen Sie die Formgebung mit dem Schweifhobel zu Ende. Brechen Sie alle scharfen Kanten, um sicherzustellen, dass der Stiel bequem in der Hand liegt.

ABSCHLIESSENDE FORMGEBUNG

21 Verputzen Sie alle vier Seiten des Klüpfelkopfs mit dem Putzhobel.

22 Reißen Sie die Breite der Fasen am Kopf mit einem Streichmaß an, das auf etwa 3 mm eingestellt ist. Sie können die Risse mit Bleistift nachziehen, um sie deutlicher sichtbar zu machen.

23 Hobeln Sie die Fasen am Klüpfelkopf an und verputzen Sie den gesamten Kopf abschließend.

24 Denken Sie daran, auch das Hirnholz am Kopf zu verputzen.

25 Stecken Sie den Stiel in den Kopf und verputzen Sie sein oberes Ende, sodass es nur noch etwa 5 mm aus dem Kopf ragt.

OBERFLÄCHENBEHANDLUNG UND LEDERAPPLIKATION

26 Übertragen Sie den Umriss des Kopfes auf das Leder.

27 Schneiden Sie das Leder mit einem Mehrzweckmesser oder einer anderen scharfen Klinge zu. Zu diesem Zeitpunkt spielt ein leichtes Übermaß keine Rolle.

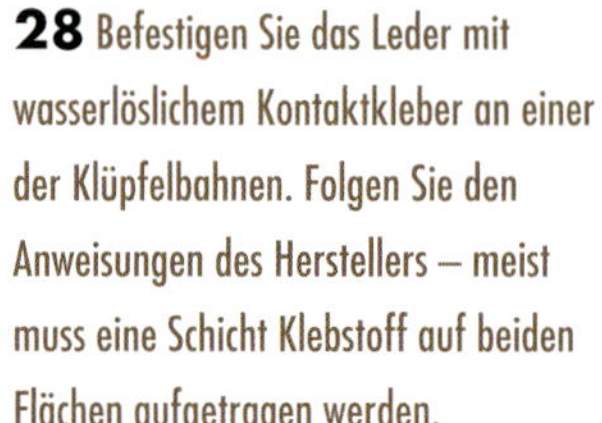

28 Befestigen Sie das Leder mit wasserlöslichem Kontaktkleber an einer der Klüpfelbahnen. Folgen Sie den Anweisungen des Herstellers – meist muss eine Schicht Klebstoff auf beiden Flächen aufgetragen werden.

29 Legen Sie das Leder auf die Werkbank und drücken Sie den Klüpfelkopf darauf. Bei den meisten Kontaktklebern muss nur wenige Sekunden Druck ausgeübt werden.

30 Schneiden Sie das Leder mit einem Mehrzweckmesser oder einer anderen scharfen Klinge auf Endmaß zu.

31 Fasen Sie dann noch die Kanten des Leders mit einem Flachwinkelhobel leicht an.

32 Die Oberfläche des Klüpfels muss nicht aufwendig behandelt werden. Einige Schichten Leinölfirnis sollten ausreichen. Seien Sie aber mit den ölgetränkten Tüchern vorsichtig. Wenn man sie zusammengeknüllt auf dem Boden oder der Werkbank liegen lässt, kann es zur Selbstentzündung kommen. Wenn die Oberflächen trocken sind, kann man den Kopf über das dünnere Ende des Stiels bis an seine Stelle schieben. Die Keilform des Stiels fixiert den Kopf am Stiel und die Verbindung wird nur noch fester, wenn man den Klüpfel verwendet.

KAPITEL 8

WERKBANK

Kein Arbeitsmittel in der Werkstatt ist so wichtig wie die Bank, an der man arbeitet. Wenn man das Werkzeug zum Holz bringt, ist es überaus wichtig, dass man auf einer ebenen und stabilen Fläche arbeitet. Außerdem muss man Werkstücke an der Bank befestigen können, um sie in Ruhe bearbeiten zu können.

Die Werkbank in diesem Kapitel beruht auf einem in Amerika beliebten Entwurf, der Anfang des 19. Jahrhunderts von einem gewissen Peter Nicholson in einem Buch vorgestellt wurde. Die ‚Nicholson-Bank' ist robust, stabil und für die Arbeit mit Handwerkzeugen ausgerichtet. Die Beine werden direkt in die breiten Zargen eingenutet, was die Bank vollkommen verwindungssteif macht. Der Entwurf hat keine Bankzange. Es gibt viele Möglichkeiten, Werkstücke zu fixieren, ohne eine Bankzange zu verwenden. Die Stoßlade aus Kapitel 6 ist nur ein Beispiel unter vielen.

Im Gegensatz zu konventionellen Werkbänken besteht diese Bank aus Nadelholz. Man kann das Material aus dem Holzhandel oder einem Baumarkt beziehen. So oder so ist die Bank schwer genug, stabil zu stehen und allen Belastungen der Holzwerkstatt zu widerstehen. Die Arbeitsplatte aus Nadelholz lässt sich auch leicht abrichten, was je nach Beanspruchung und dem Arbeiten des Holzes von Zeit zu Zeit nötig werden wird. Ich habe in meiner Zeit schon einige Arbeitsplatten aus harten Laubhölzern abgerichtet. Glauben Sie mir also, wenn ich Ihnen sage, dass es das reinste Vergnügen ist, eine Platte aus Kiefernholz abzurichten.

Werkzeug

Bleistift
Lineal
Tischler- oder Kombiwinkel
Fuchsschwanz
Cuttermesser
Stechzirkel
Streichmaß
Stechbeitel
Klüpfel
Niederhalter
Bohrwinde und Bohrer
Schraubendreher
Schmiege
Rückensäge
Grundhobel
Handbohrmaschine und 20-mm-Bohrer
Zwingen
Tücher zur Oberflächenbehandlung

Material

Kiefer
Weißleim (PVAC-Kleber)
50-mm-Schrauben
6 x 75-mm-Schrauben mit Sechskantkopf und Unterlegscheiben
75-mm-Schrauben
Leinölfirnis oder Tungöl

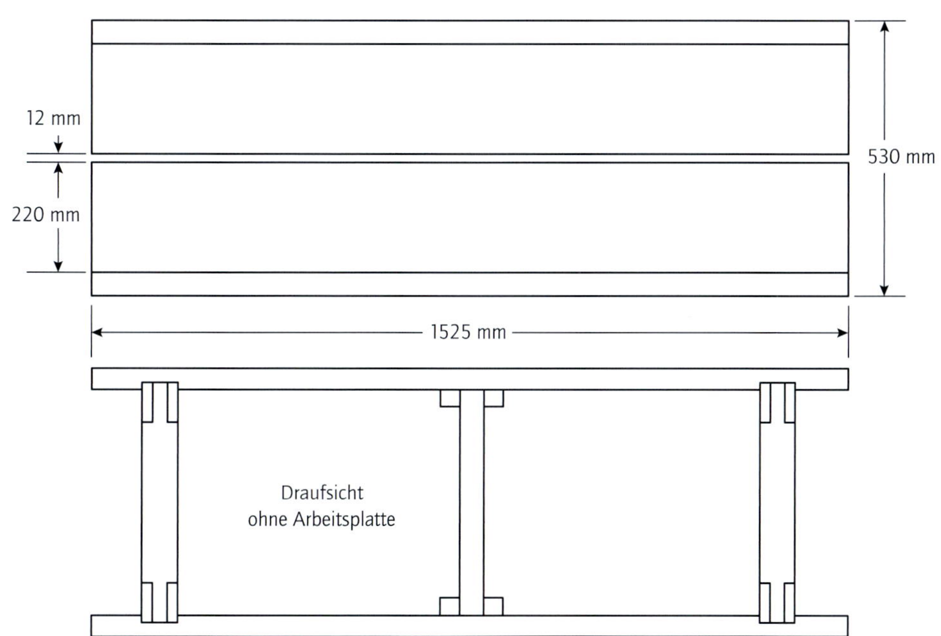

STÜCKLISTE – WERKBANK

Bezeichnung	Anzahl	Länge	Breite	Dicke	Anmerkungen
Bein	4	825	90	75	aus 50 x 100 mm verleimt
oberer Steg	2	480	90	75	aus 50 x 100 mm verleimt
unterer Steg	2	470	90	75	aus 50 x 100 mm verleimt
mittlerer Steg	1	460	75	38	
Halterung	2	150	50	38	
Zarge	2	1525	290	38	
Platte	2	1525	220	38	

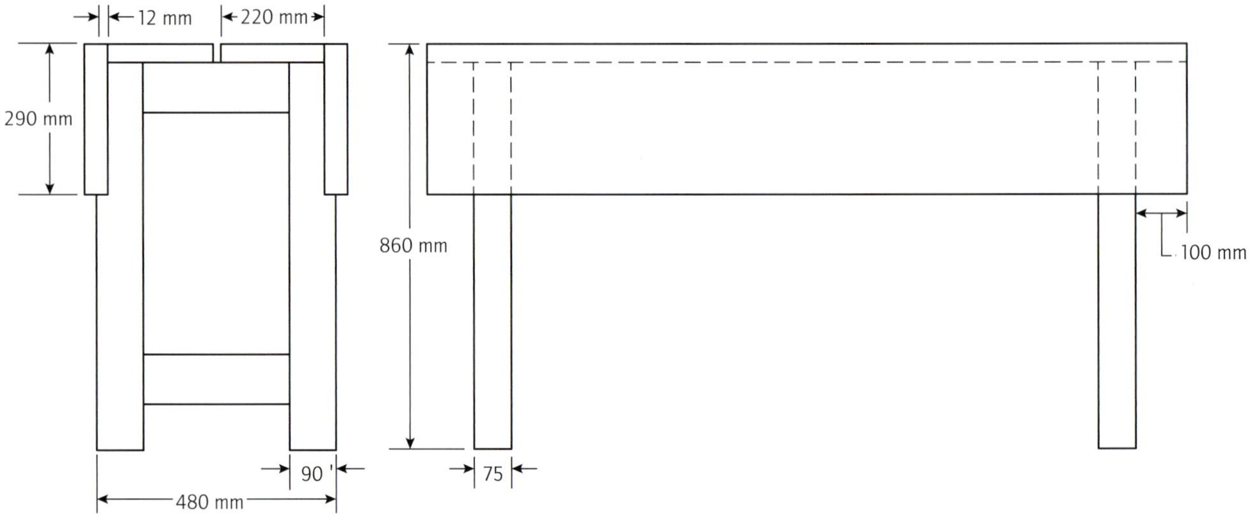

ZUERST DIE BEINE

1 Schneiden Sie die Bestandteile für die Beine zu. Geben Sie an jeweils zwei der Beinteile Leim an, und spannen Sie sie zusammen. Richten Sie die Beine rechtwinklig ab, wenn der Leim trocken ist, und sägen Sie sie auf Endlänge.

2 Legen Sie die Lage der Beine an der Bank fest, und zeichnen Sie am oberen Ende ein Tischlerdreieck an.

DIE EINHÄLSUNGEN UND SCHLITZE AN DEN BEINEN ANREISSEN

3 Um die Verbindungen an den Beinen anzureißen, müssen zuvor die Stege angefertigt werden. Schneiden Sie die Bestandteile der oberen und unteren Stege zu und verleimen Sie sie. Bringen Sie die Stege auf Endmaß und kennzeichnen Sie ihre Lage mit Tischlerdreiecken.

4 Legen Sie den oberen Steg auf einen Satz Beine. Beachten Sie dabei die Tischlerdreiecke. Reißen Sie mit dem Messer die Breite der Stege auf der Oberseite der Beine an. Damit wird die Tiefe der Einhälsung festgelegt.

5 Teilen Sie mit dem Stechzirkel die Stärke des Beins in drei gleiche Teile.

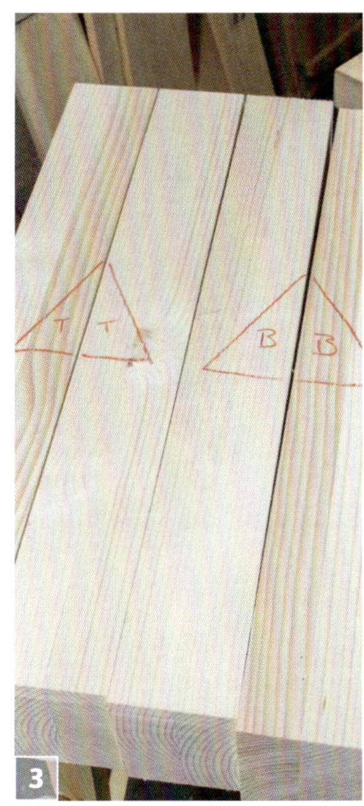

3

4

5

KEIN LINEAL NÖTIG

Der obere Steg wird mit einer Einhälsung am Bein befestigt, und der untere Steg wird weiter unten mit Schlitz-und-Zapfen-Verbindungen angebracht. In beiden Fällen verwendet man die tatsächlichen Abmessungen des Gegenstücks, um die Verbindung anzureißen. Auf diese Weise schließt man Fehler beim Abmessen und Abtragen aus.

6

6 Stellen Sie ein Streichmaß auf den mit dem Stechzirkel ermittelten Wert ein und reißen Sie die Wangen der Einhälsung an.

7 Man kann die Risse mit dem Bleistift nachziehen, damit sie besser sichtbar sind.

8 Der Schlitz wird 100 mm oberhalb des unteren Beinendes angerissen. Legen Sie dort den unteren Steg auf das Bein. Verwenden Sie den Steg, um das obere Ende des Schlitzes anzureißen. Reißen Sie mit dem Streichmaß die Schlitze an, ohne dessen Einstellung zu verändern.

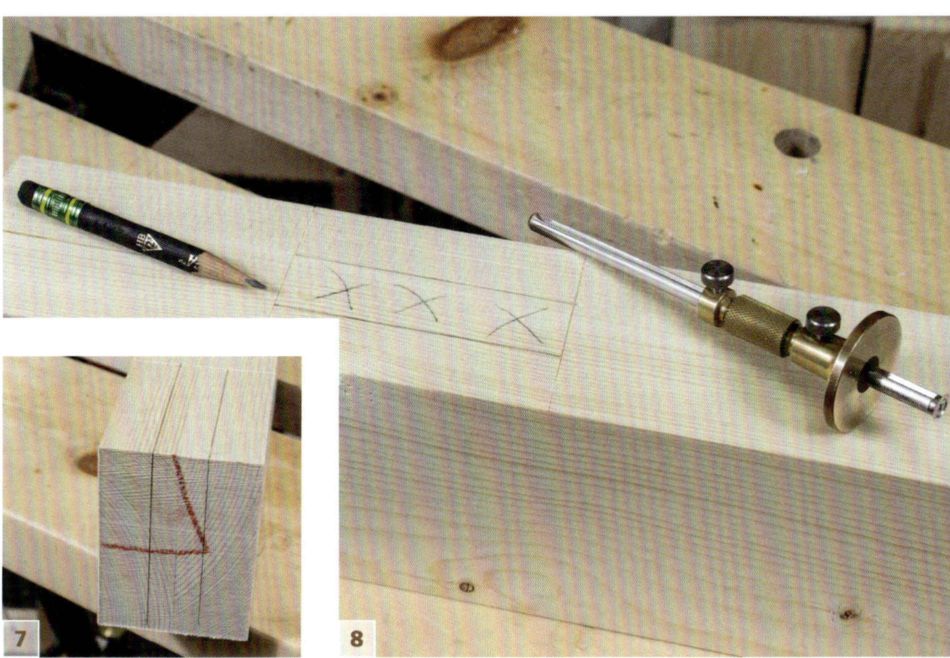

7

8

9

DIE EINHÄLSUNG SCHNEIDEN

9 Die Einhälsung wird mit dem Fuchsschwanz auf der Verschnittseite des Risses bis zum Verbindungsgrund geschnitten.

10 Entfernen Sie den Verschnitt zuerst mit dem Stechbeitel, indem Sie neben dem Riss für den Verbindungsgrund senkrecht einstechen und dann von der Seite im Winkel von 45° den Verschnitt freistechen.

11 Wiederholen Sie das bis zur Hälfte der Materialstärke, drehen Sie dann das Bein um und entfernen Sie von der anderen Seite den Rest des Verschnitts. Wenn der Großteil des Verschnitts abgestochen ist, legt man die Schneide des Beitels in den Messerriss und verputzt den Grund der Einhälsung. Dabei wird der Stechbeitel genau waagerecht gehalten.

10

DEN SCHLITZ FÜR DEN UNTEREN STEG SCHNEIDEN

12 Reißen Sie den Schlitz für die untere Schlitz-und-Zapfen-Verbindung auf die beschriebene Weise an. Entfernen Sie dann den Großteil des Verschnitts im Schlitz mit der Bohrwinde und einem Bohrer. Lassen Sie die letzten 5 mm Material am Schlitzgrund stehen.

13 Verwenden Sie Ihren breitesten Stechbeitel, um den restlichen Verschnitt bis zu den Rissen abzustechen. Achten Sie auch hier darauf, den Beitel gerade zu führen, damit die Wangen senkrecht zur Holzoberfläche stehen.

11

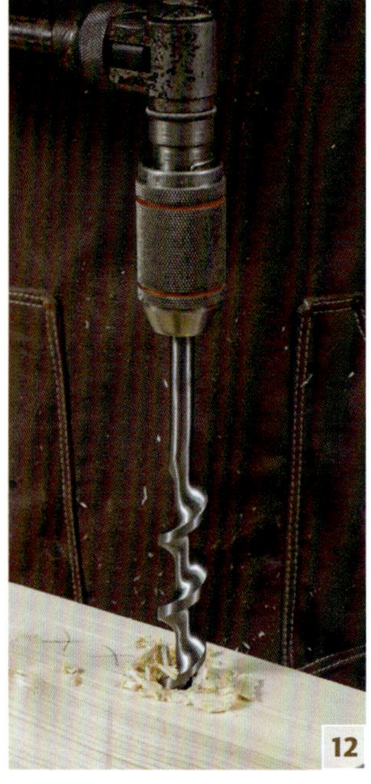
12

13

14

14 Überprüfen Sie die Rechtwinkligkeit des Schlitzes mit einem kleinen Kombiwinkel und arbeiten Sie nötigenfalls nach.

DIE ZAPFEN SCHNEIDEN

15 Legen Sie den oberen Steg parallel auf das Bein und übertragen Sie die Lage des Schlitzes mit der Schmiege auf das Ende des Stegs. Die Passung der Verbindung wird sehr gut, wenn auf diese Weise ein Bauteil verwendet wird, um am anderen die Verbindung anzureißen.

16 Stellen Sie ein Streichmaß anhand dieses Risses ein und winkeln Sie den Riss auf die Seiten und das Ende um. Dieser Schritt muss für jeden Zapfen wiederholt werden, weil die Zapfen leichte Maßabweichungen aufweisen können. Reißen Sie dann anhand der Breite des Beins die Zapfenbrüstungen an und kennzeichnen Sie den Verschnitt.

17 Legen Sie eine Sägekerbe an der Brüstung an und sägen Sie dort mit der Rückensäge ein.

18 Beginnen Sie, den Verschnitt mit Stechbeitel und Klüpfel zu entfernen. Achten Sie darauf, in welcher Richtung sich dabei der Verschnitt abhebt. Falls er sich zu sehr in Richtung der Risse bewegt, arbeiten Sie langsamer und nehmen dünnere Späne ab.

19 Wenn Sie sich den Rissen nähern, wechseln Sie zu Schnitten quer zur Faser, um nicht über die Risse hinaus zu schneiden. Für diese Arbeit ist ein scharfer Stechbeitel unabdingbar. Präzise Arbeit ist mit einem stumpfen Werkzeug sehr viel schwieriger. Falls Sie über eine Schlitzsäge mit hinreichend hohem Blatt verfügen, können Sie die Wangen auch freisägen, wie es auf Seite 65 gezeigt wird.
Kontrollieren Sie die Passung wiederholt, damit Sie nicht zu viel Material abnehmen. Wiederholen Sie diese Schritte für den unteren Zapfen. Wenn alle Verbindungen angeschnitten sind, stecken Sie die Teile trocken zusammen, um ihr Zusammenpassen zu überprüfen. Dann werden sie wieder auseinandergenommen, da die Beine für die nächsten Schritte benötigt werden.

DIE ZARGEN VORBEREITEN

20 Schneiden Sie die Zargen auf Endmaß. Reißen Sie dann mit dem Streichmaß 100 mm von jedem Ende der Zargen eine Linie an.

21 Legen Sie das Bein auf die Linie und legen Sie mit einem Messerriss auf der anderen Seite des Beins die Breite der Nut fest. Achten Sie auf die Ausrichtung des Beins, um sicherzustellen, dass Sie beim Anreißen die richtige Bezugsfläche verwenden.

22 Stellen Sie ein Streichmaß auf die Stärke der Arbeitsplatte ein und reißen Sie damit das obere Ende der Nut an.

23 Stellen Sie ein Streichmaß auf 12 mm ein und reißen Sie die Nuttiefe an. Wiederholen Sie diese Schritte für alle Beine.

DIE NUT SCHNEIDEN

24 Stechen Sie von der Nutmitte zu drei Seiten hin bis zur Wandung ein, bis Sie die Tiefe des Nutgrunds erreicht haben.

25 Entfernen Sie den Großteil des Verschnitts in der Nutmitte mit ihrem breitesten Stechbeitel, den Sie mit der Fase nach unten führen.

26 Stellen Sie den Grundhobel auf die Endtiefe der Nut ein, und entfernen Sie den letzten Verschnitt. Kontrollieren Sie, ob die Wandungen der Nut senkrecht verlaufen und verputzen Sie die Innenecken der Nut, damit die Verbindung sich später vollkommen schließen lässt.

DEN MITTLEREN STEG HERSTELLEN

27 Fertigen Sie die Rohlinge für die Halterungen an, in denen der mittlere Steg liegt. Reißen Sie dann anhand des mittleren Stegs die Breite der Ausklinkung in der Halterung an. Reißen Sie bis zur halben Tiefe der Halterung an und verbinden Sie alle Risse.

28 Legen Sie Sägekerben an und sägen Sie bis zum Grund der Ausklinkung ein.

29 Wenn man den Verschnitt einige Male einsägt, lässt er sich leichter entfernen.

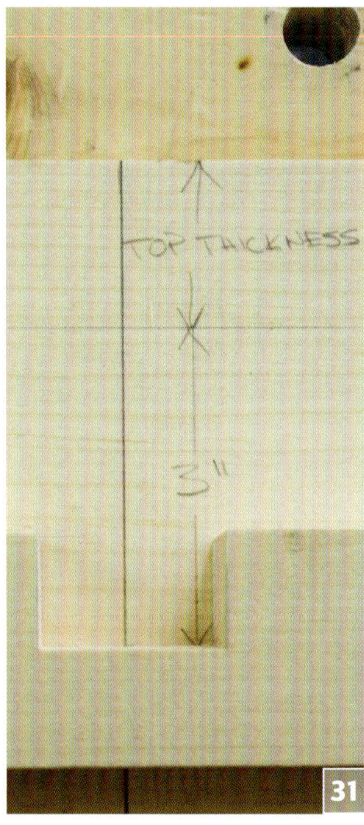

30 Entfernen Sie den Verschnitt mit Stechbeitel und Klüpfel. Verputzen Sie, indem Sie mit dem Stechbeitel im Messerriss einstechen.

31 Reißen Sie eine senkrechte Mittellinie an der Zarge an. Reißen Sie eine waagerechte Linie an, die die Mittellinie kreuzt. Der Abstand der waagerechten Linie von der Zargenoberkante ergibt sich durch die Addition der Arbeitsplattenstärke und der Höhe des mittleren Stegs. Befestigen Sie die Halterung mit Leim und zwei 50-mm-Schrauben.

DAS GESTELL VERLEIMEN

32 Geben Sie Leim in die Schlitze in den Beinen.

33 Geben Sie Leim in die Einhälsungen. Stecken Sie die Zapfen in die Schlitze und in die Einhälsungen. Spannen Sie die Beinmontagen mit Zwingen ein, bis der Leim trocken ist.

34 Legen Sie eine Zarge auf den Fußboden, geben Sie Leim in die Nuten und platzieren Sie die Beinmontagen in den Nuten. Spannen Sie diese Teilmontage ein, bis der Leim trocken ist.

35 Wenn die Teilmontage trocken ist, legen Sie die andere Zarge auf den Boden und bringen die Teilmontage in den Nuten an. Das ist nicht ganz einfach, aber wenn Sie die Verbindungen präzise gearbeitet haben, sollte es keine ernsten Probleme geben. Bohren Sie dann 20-mm-Sacklöcher mit einer Tiefe von 12 mm in die Zargen.

36 Bohren Sie bis auf 75 mm Tiefe für die Schrauben mit Sechskantkopf vor, damit das Holz nicht reißt.

37 Drehen Sie die Schrauben mit Unterlegscheiben in die Zargen ein.

38 Wiederholen Sie den Vorgang an allen Beinen.

39 Schneiden Sie den mittleren Steg so auf Länge, dass er gut zwischen die Zargen passt. Stecken Sie ihn in die Ausklinkungen der Halterungen ein. Er muss nicht weiter mit Leim oder Schrauben befestigt werden, da er unbeweglich fixiert ist, wenn man die Arbeitsplatte angebracht hat.

35

36

37

38

39

40

41

DIE ARBEITSPLATTE ANBRINGEN

40 Richten Sie die Kanten der beiden Platten ab und legen Sie sie auf das Gestell. Reißen Sie die Endlänge an und sägen Sie die Platten mit dem Fuchsschwanz auf Länge. Verputzen Sie anschließend das Hirnholz mit dem Hobel. Spannen Sie dann eine der beiden Platten an der Oberkante der Zarge fest.

41 Bohren Sie Führungslöcher für die 75-mm-Schrauben durch die Platte bis in die Stege. Befestigen Sie die Platte mit den Schrauben an den Stegen. Bringen Sie dann die andere Platte auf die gleiche Weise an der Bank an. Richten Sie abschließend die Arbeitsfläche ab (siehe Kasten unten).

DIE OBERFLÄCHEN DER WERKBANK

Richten Sie zuerst die Arbeitsplatte der Bank mit dem Hobel ab, indem Sie im 45°-Winkel von innen zur Zarge hin und dann in die umgekehrte Richtung ‚zwerchen', bis alle Flächen gehobelt sind. Entfernen Sie dann die Hobelspuren mit langen Schnitten von einem Ende der Fläche zur anderen.

Das Oberflächenmittel für eine Werkbank sollte über die gesamte Lebenszeit leicht zu erneuern sein. Der Auftrag könnte in diesem Fall kaum leichter sein. Man trägt einfach Leinölfirnis oder Tungöl satt auf die Fläche auf und lässt es etwa 10 Minuten darauf stehen. Dann wird überschüssiges Öl mit einem sauberen Tuch abgenommen. Diese Tücher dürfen nicht zusammengeknüllt trocknen, weil es dann zur Selbstentzündung kommen kann. Am besten hängt man sie im Freien zum Trocknen auf und entsorgt sie erst dann, wenn sie verkrustet und hart sind.

AN DER NEUEN BANK ARBEITEN

Bohrungen für Bankhaken

Viele Holzwerker neigen dazu, auf ihrer Werkbank ein Raster von Bohrlöchern anzulegen, sodass die Arbeitsfläche wie ein Schweizer Käse aussieht. Ich selbst mache das nicht so. Ich ziehe es vor, die Löcher dort und dann in die Arbeitsplatte und die Zarge zu bohren, wo und wenn ich sie brauche. Nachdem man eine Weile an der Bank gearbeitet hat, stellt man meist fest, dass man immer wieder die gleichen Löcher verwendet. Ich benutze eine Bohrwinde und einen 19-mm-Bohrer[1], um die Löcher zu bohren, es dauert also kaum mehr als eine Minute.

Flächen bearbeiten

Wenn man die Flächen von Brettern bearbeitet, müssen diese nicht immer zwischen mehreren Bankhaken eingespannt werden. Das geschieht bei mir nur, wenn ich eine Nut oder einen Falz schneide oder wenn ich viel Material abnehme, etwa beim Schlichten oder Abrichten einer Fläche.

Hobelanschlag

Ein Hobelanschlag ist ein einfaches Zubehörteil, gegen das man das Werkstück drückt, während man es bearbeitet. Leichte Arbeiten wie das Verputzen sind am Hobelanschlag einfach auszuführen, und man muss die Werkstücke nicht wiederholt ein- und ausspannen.

[1] 19 mm ist ein Standardmaß, welches sich aus der Umrechnung von ¾ inch = 19,05 mm ergibt. Die Rundung auf 19 mm ist problemlos. Für 19 mm Banklöcher ist eine Reihe von Bankzubehör erhältlich, für das in Deutschland auch anzutreffende Maß von 20 mm aber ebenfalls. Am besten Sie schauen sich erst nach den erhältlichen Bankhaken etc. um und entscheiden dann, welches Maß Sie verwenden wollen. Hinweise auf entsprechende Händler finden Sie im Bezugsquellenverzeichnis. [Anm. d. dt. Verlages]

AN DER NEUEN BANK ARBEITEN

Hobelanschlag und Klauenbrett

Niederhalter

Hobelanschlag und Klauenbrett

Falls Sie seitlichen Druck auf ein Werkstück ausüben wollen, ergänzen Sie den Hobelanschlag um ein Klauenbrett, um das Werkstück zu fixieren. Die Funktionsweise des Klauenbretts wirkt fast wie Zauberei. Mit diesem einfachen Hilfsmittel kann man sich eine Hinterzange an der Werkbank ersparen. Die Herstellung könnte kaum einfacher sein. Man schneidet eine rechtwinklige V-Ausklinkung in das Ende eines etwa 75 mm breiten Reststücks und spannt es mit einem Niederhalter fest.

Niederhalter

Niederhalter gibt es in vielen verschiedenen Formen und Gestalten. Die Funktionsweise ist meist die Gleiche. Die Druckplatte liegt auf dem Werkstück auf, das gehalten werden soll, und der Schaft wird in einem kräftigen Klüpfelschlag in ein Bankhakenloch getrieben. Manche Niederhalter können auch mechanisch angezogen werden, was es erleichtert, den zum Fixieren nötigen Druck zu erzeugen.

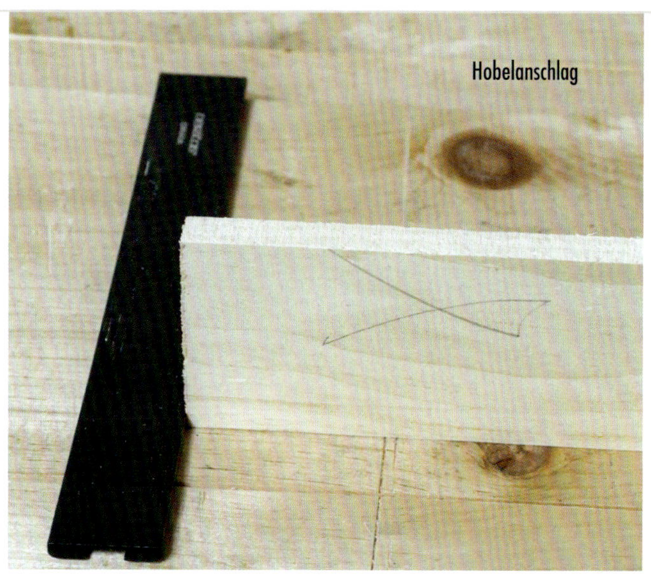

Kanten bearbeiten

Beim Holzwerken muss man oft ein Brett auf der Kante stehend bearbeiten, etwa wenn eine Kante abgerichtet werden soll. Wenn die Breite des Bretts weniger als das Fünffache der Stärke beträgt, kann man einfach am Hobelanschlag arbeiten.

Wenn das Brett breiter ist, befestigt man einfach eine Holzzwinge mit dem Niederhalter auf der Arbeitsfläche und spannt das Brett in der Holzzwinge ein.

Falls Sie mehr Druck ausüben müssen, können Sie den Kopf einer Schraubzwinge in den Spalt der Werkbank stecken und den Spannarm mit der Druckplatte auf das Werkstück setzen und anziehen.

sandflex
HAND

KAPITEL 9

WERKZEUGREGAL

Wenn man auf eingeschränktem Raum arbeitet, ist die effektive Aufbewahrung der Werkzeuge besonders wichtig. Sie sollten nicht im Weg, aber dennoch dicht genug am Arbeitsplatz sein, dass man sie schnell zur Hand nehmen kann. Die Werkzeuge, die ich am häufigsten verwende, bewahre ich in dem Regal auf, das in diesem Kapitel gebaut wird. Meine Kurzraubank, die Anreißwerkzeuge und ein paar Sägen sind die am häufigsten verwendeten Stücke. Die anderen, die nicht so oft zum Einsatz kommen, bewahre ich in einer geerbten Truhe aus der Mitte des 19. Jahrhunderts auf.

Für dieses Regal habe ich als Material Eiche gewählt, weil sie belastbar ist und eine ansehnliche Maserung zeigt. Das Regal mag zwar recht klein sein, kann aber wegen der stabilen Verbindungen auch größere Gewichte tragen. Die Kombination von eingenuteten Regalbrettern und einer Aufhängleiste für Sägen, die in das untere Ende eingeklinkt ist, ergibt ein ansprechendes Aussehen und eine zuverlässige Konstruktion.

Das Regal bietet Platz für die meisten Werkzeugausstattungen. Man kann die Größe aber auch für beliebige andere Verwendungszwecke abändern. Ob man sein Werkzeug darin aufbewahren oder seine unersetzliche Sammlung von Überraschungseiern darin zur Schau stellen möchte, dieses Regal passt immer.

Werkzeug

- Bleistift
- Lineal
- Tischler- oder Kombiwinkel
- Fuchsschwanz
- Zwingen
- Cuttermesser
- Streichmaß
- Stechbeitel
- Klüpfel
- Grundhobel
- Rückensäge
- Zirkel
- Laubsäge
- Hirnholzhobel
- Putzhobel
- Handbohrmaschine und 3-mm-Bohrer
- Dübelsäge

Material

- Eiche
- Abklebeband
- Wachs
- Papiertücher
- Weißleim (PVAC-Kleber)
- 3-mm-Holzdübel

STÜCKLISTE – WERKZEUGREGAL

Bezeichnung	Anzahl	Länge	Breite	Dicke
Seitenwand	2	660	50	15
Regalbrett	3	430	50	15
Aufhängleiste	1	440	50	20

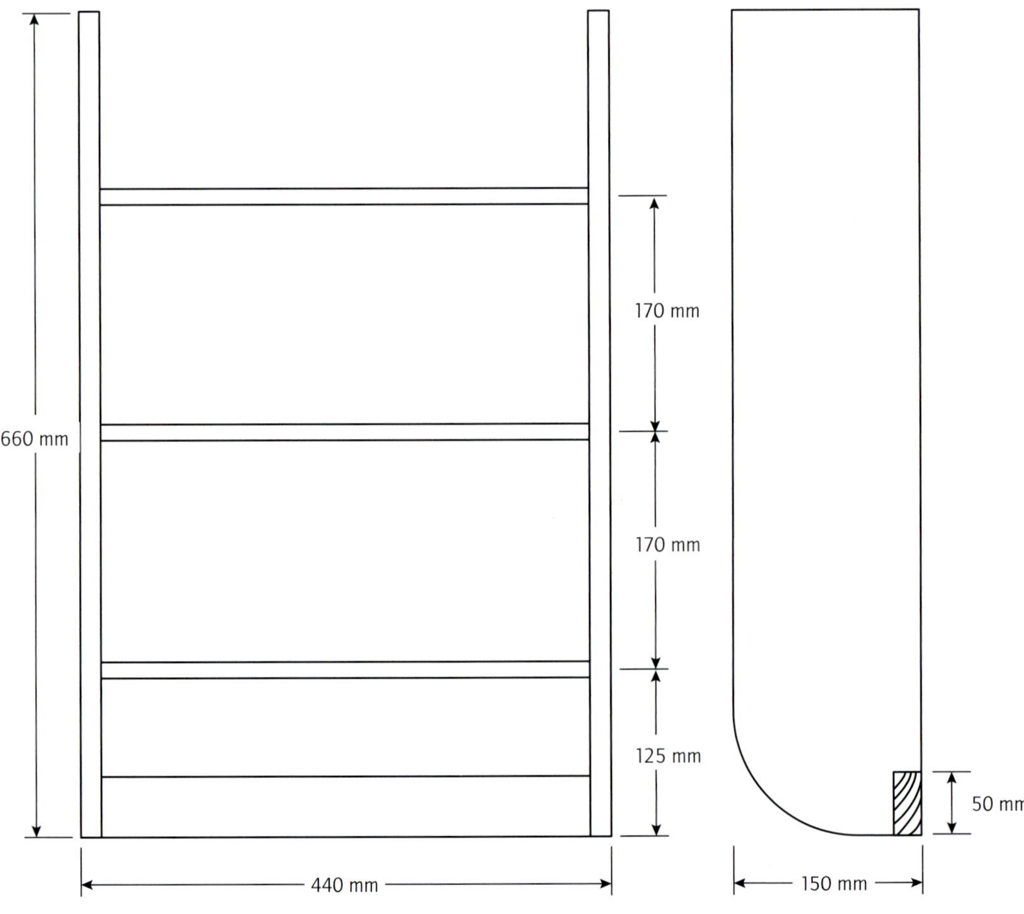

DAS MATERIAL VORBEREITEN, BAUTEILE ANREISSEN

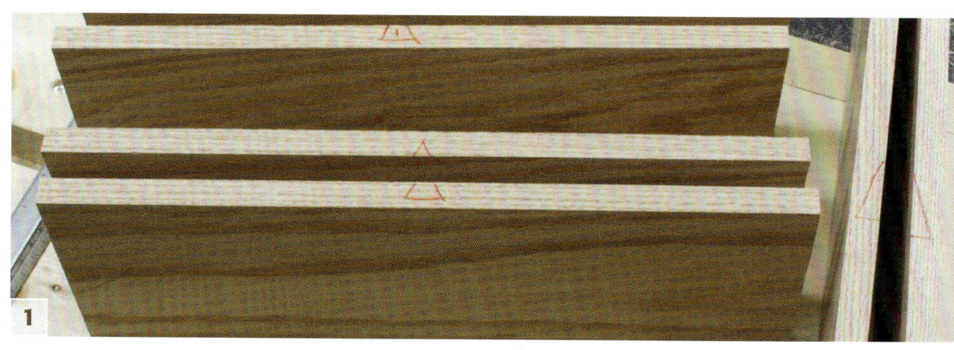

1 Wie bei den vorherigen Werkstücken in diesem Buch wird auch bei dem Regal zuerst das Rohmaterial auf die in der Stückliste angegebenen Maße zugeschnitten. Dann kennzeichnet man sie mit dem Tischlerdreieck.

2 Spannen Sie die beiden Seitenwände so zusammen, dass die Innenseiten zueinander weisen. Reißen Sie mit dem Messer die Lage der Regalbretter an.

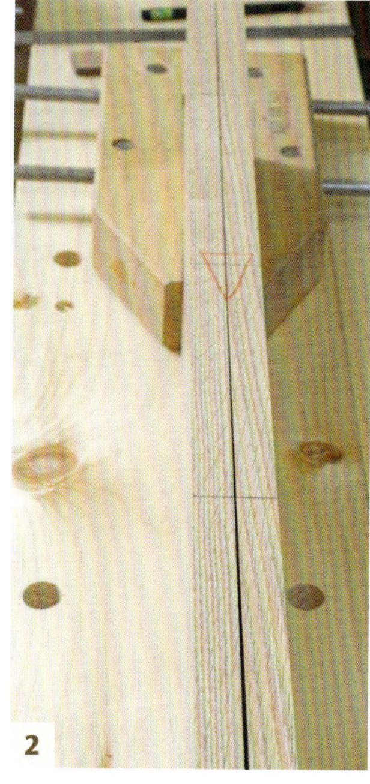

DIE NUTEN SCHNEIDEN

3 Die Risse aus dem vorhergehenden Schritt kennzeichnen die Mittellinie der Regalbretter. Reißen Sie zu beiden Seiten dieser Linien die Wandungen der Nuten an. Ziehen Sie den Riss noch nicht über die gesamte Breite der Seitenwand, sondern markieren Sie mit dem Anreißmesser nur die Kante. Legen Sie das Messer dann in diesen kurzen Riss und führen Sie einen Winkel an die Messerschneide heran. Reißen Sie am Winkel über die Breite der Seitenwand an. Fangen Sie mit leichten Schnitten an und vertiefen Sie den Riss mit nachfolgenden Schnitten. Achten Sie darauf, den Winkel fest zu halten, damit er sich während des Anreißens nicht verschiebt.

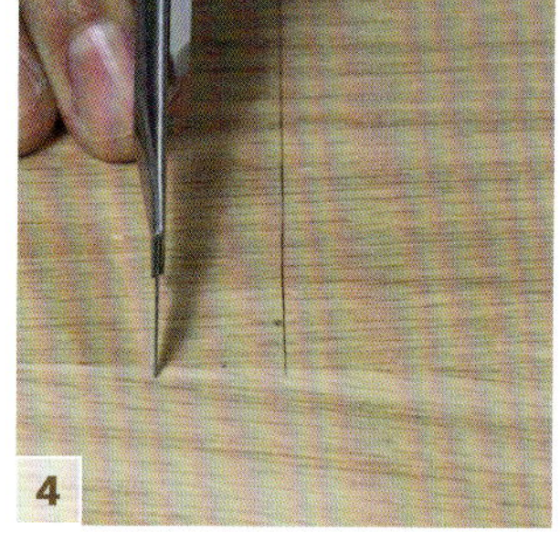

4 Wenn Sie alle Nuten an einer Seitenwand angerissen haben, legen Sie beide Seitenwände flach auf die Werkbank und übertragen die Lage der Nuten auf die zweite Seitenwand. Verwenden Sie dieselbe Methode mit Anreißmesser und Winkel, um die Risse zu übertragen. Reißen Sie dann die Tiefe der Nut mit dem Streichmaß an.

5 Stechen Sie mit dem Beitel auf der Innenseite der Nut eine Sägekerbe ein. Entfernen Sie wie bei der Hobelbank (aber in viel kleinerem Maßstab) zuerst den Verschnitt mit dem Stechbeitel und arbeiten Sie dann mit dem Grundhobel nach, um der Nut einen gleichmäßig tiefen und ebenen Grund zu geben.

DIE AUFHÄNGELEISTE ANBRINGEN

6 Reißen Sie die Position der Aufhängeleiste unten an der Hinterkante der Seitenwände mit dem Anreißmesser an.

7 Stellen Sie das Streichmaß auf die Dicke der Aufhängeleiste ein – messen müssen Sie nicht. Reißen Sie dann die Dicke auf den Seitenwänden an. Achten Sie darauf, dass der Anschlag des Streichmaßes immer an der Kante des Bretts anliegt. Gerade bei grobfasrigen Hölzern wie Eiche neigen Streichmaße manchmal zum Abwandern.

8 Legen Sie das Messer dann in den Riss, den Sie an der Kante der Seitenwand angebracht haben und führen Sie einen Winkel an die Messerschneide heran. Verbinden Sie den Messerriss mit dem Riss, den Sie mit dem Streichmaß angebracht haben.

9 Legen Sie eine Sägekerbe an der Kante des Bretts an, legen Sie die Rückensäge in der Sägekerbe ein und sägen Sie bis zum Riss hinunter.

10 Drehen Sie das Brett und sägen Sie in Faserrichtung, um den restlichen Verschnitt zu entfernen. Achten Sie darauf, lang ausholende Schnitte mit der Säge auszuführen, um einen graden Schnitt sicherzustellen. Schließlich haben Sie für die ganze Länge des Sägeblatts bezahlt. Warum sollten Sie es dann nicht auch nutzen?

11 Nobody is perfect. Wenn Ihr Sägeschnitt nicht ganz genau verlief, stechen Sie den restlichen Verschnitt mit dem Stechbeitel ab. Achten Sie aber auf den Riss und stechen Sie nicht über ihn hinaus.

DIE RUNDUNGEN SCHNEIDEN

12 Stellen Sie den Zirkel auf einen Radius von 100 mm ein und setzen Sie seine Spitze so auf die Seitenwand, dass der Bleistift die Vorderkante und das untere Ende der Seitenwand erreicht.

13 Arbeiten Sie die Rundung heraus, indem Sie zuerst mit der Laubsäge so dicht wie möglich an der Bleistiftlinie entlangsägen. Verwenden Sie auch hier, wie bei jeder anderen Säge, die gesamte Länge des Sägeblatts. Zwingen Sie das Blatt nicht durch das Holz. Wenn man diesen Ratschlag nicht befolgt, erhält man einen unregelmäßigen Schnittverlauf, der stärker nachgearbeitet werden muss. Glätten Sie die Kurve mit dem Hirnholzhobel, wobei Sie auch gleichzeitig die Sägespuren entfernen. Der Hobel muss für leichte Schnitte eingestellt sein; meist schneidet er im Hirnholz, deshalb muss die Spandicke gering sein.

12

13

14

HÜBSCH MACHEN

14 Stellen Sie den Putzhobel auf die geringstmögliche Spandicke ein und verputzen Sie alle Teile noch einmal. Dabei werden die letzten Bleistiftstriche und Verschmutzungen entfernt, die bei der Arbeit entstanden sind.

15 Da Sie die Bleistiftmarkierungen von den Bauteilen abnehmen, müssen Sie sie auf andere Weise kennzeichnen, um den richtigen Zusammenbau sicherzustellen. Ich verwende dafür Abklebeband, auf dem ich die Kennzeichnungen anbringe.

16 Tragen Sie mit einem Papiertuch eine Schicht Wachs auf. Achten Sie darauf, dass alle Bauteile gleichmäßig behandelt werden. Das Papiertuch poliert dabei gleichzeitig etwas, sodass man eine seidenmatte, gering glänzende Oberfläche erhält. Als Oberflächenmittel sind Wachspasten auf Bienenwachsbasis gut geeignet.

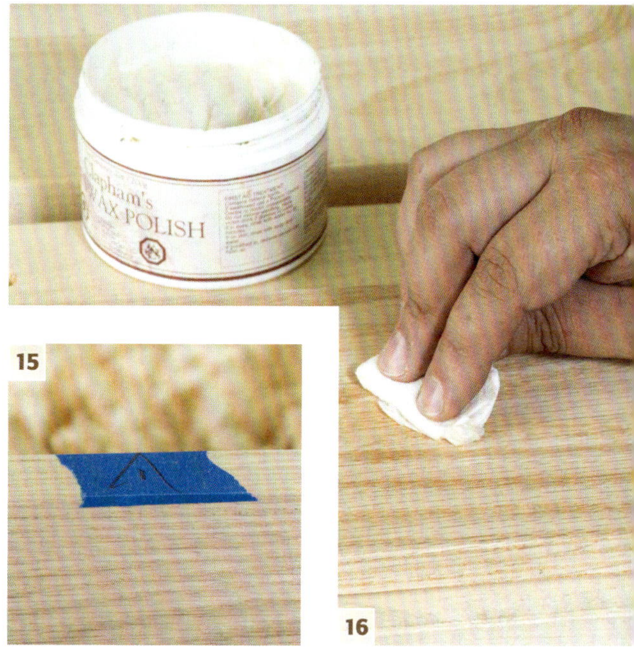

15

16

17

DER ZUSAMMENBAU

17 Stecken Sie das Regal trocken zusammen und spannen Sie es mit einer Zwinge ein. Legen Sie die Aufhängeleiste in die Ausklinkungen und bohren Sie an jedem Ende zwei 3-mm-Löcher für die Dübel. Diese Befestigungstechnik mit Holznägeln (Dübeln) wird oft von japanischen Tischlern und Zimmerleuten verwendet. Die Verbindungen sind sehr belastbar, und das Hirnholz der Dübel sieht gut aus. Die Dübellöcher sollten etwa 35 bis 50 mm tief sein.
Geben Sie etwas Leim in die Dübellöcher und treiben Sie die Dübel vorsichtig ein, bis sie in den Löchern auf Grund stoßen. Das erkennt man daran, dass der Klang der Hammerschläge tiefer wird ... und sich der Dübel nicht tiefer eintreiben lässt.

18 Man kann die Dübel mit jeder beliebigen Säge bündig schneiden, aber ich verwende am liebsten eine Dübelsäge. Es geht auch mit einer Rückensäge, dann muss man allerdings vorsichtig sein, dass die geschränkten Zähne der Säge nicht das umgebende Holz zerkratzen. Wenn die Dübel noch nicht bündig sind, verputzt man sie abschließend mit schälenden Schnitten eines Stechbeitels, der flach auf das Holz aufgelegt wird.

18

19 Bringen Sie ein Stück Abklebeband auf den Seitenwänden an, sodass es etwa mittig über der Nut für das Regalbrett klebt. Reißen Sie dann mit dem Winkel die Mittellinie der Nut auf dem Abklebeband an. So können Sie die Lage der Dübel kennzeichnen, ohne die frisch verputzte Oberfläche der Seitenwand zu markieren.

20 Bringen Sie auf die gleiche Weise wie bei der Aufhängeleiste drei Dübel auf der Mittellinie an. Ich habe die äußeren beiden Dübel jeweils in Daumenbreite von der Kante platziert und den dritten dann mittig dazwischen. Schneiden Sie die Dübel abschließend mit der Oberfläche bündig.

19

20

AUFHÄNGEN UND BESTÜCKEN

Das Regal kann sehr viel Gewicht aufnehmen, deshalb habe ich es mit sehr kräftigen Winkelbeschlägen und starken Schrauben an der Wand befestigt. Die Winkelbeschläge werden an der Unterseite des obersten Regalbretts angebracht.

Auf dem Foto ist zu sehen, womit ich das Regal bestückt habe. Dies sind die Werkzeuge, die ich am häufigsten verwende und die ich deshalb nahe bei der Hand haben möchte, um sie nicht suchen zu müssen. Die Sägen hängen an Flaschenkorken, die an der Aufhängeleiste festgeschraubt sind. Der Kork sorgt dafür, dass die Griffe der Sägen nicht beschädigt werden. Man kann Korken im Bastelbedarf oder im Internet kaufen. Oder man macht es wie ich und kauft ein paar Flaschen Wein ... natürlich nur wegen der Korken.

Die kleine Absetzsäge wird von einem Magneten gehalten, den ich in ein Sackloch eingeklebt habe. An der Außenseite der Seitenwände habe ich kleine Haken angebracht, um einen Handfeger und kleinen Besen aufhängen zu können. Die Auswahl der Werkzeuge für die Regalbretter bleibt Ihnen überlassen.

Zum Verstehen gelangt man nur durch das Tun.

Vic Tesolin

ZUSAMMENFASSUNG

Das war's. Jetzt haben Sie das Werkzeug, die Ausrüstung und die Einrichtung, um Ihren Winkel in der Welt der Holzbearbeitung auszustatten. Ich hoffe, ich konnte Sie überzeugen, dass Sie nicht jedes Werkzeug besitzen müssen, das es überhaupt gibt, um mit Holz arbeiten zu können. Sie müssen auch nicht über unendlich viel Raum verfügen, um Holzwerker zu sein. Natürlich können Sie keine riesigen Doppelbetten oder Esstische für 18 Personen herstellen ... aber Sie werden doch überhaupt etwas herstellen.

Als Nächstes könnten Sie vielleicht Aufbewahrungskästen für einige Ihrer ausgefalleneren Werkzeuge anfertigen oder ein Lagersystem für Nägel, Schrauben und Beschläge.

Solche maßgefertigten Kästen sind gute Übungsstücke für Ihre neu erworbenen Fähigkeiten und lassen sich als effektive Lagermöglichkeiten in der Werkstatt nutzen. Ich verwende kleine Holzkästen mit Vorliebe, um Ordnung in das Sammelsurium zu bringen, dass sich sonst so schnell zum Chaos entwickelt. Wenn man solche Kisten selbst aus Holz herstellt, kann man auch darauf verzichten, Kunststoffkästen zu kaufen und/ oder zu verwenden. Schon nach kurzer Zeit werden Sie schöne kleine Kistchen für Ihre Werkstatt und bald auch für den Rest des Hauses anfertigen.

Der wichtigste Gedanke, den ich Ihnen auf den Weg mitgeben möchte, dreht sich um das Besserwerden. Ich kenne nur eine effektive Methode, um ein besserer Holzwerker zu werden: Übung. Je mehr Zeit Sie mit einer Säge in der Hand verbringen, desto gerader werden Ihre Schnitte. Wenn Sie die Zeit aufbringen, Ihre Werkzeuge zu schärfen, werden diese überraschenderweise immer scharf und einsatzbereit sein. Stellen Sie Ihre Hobel sorgfältig ein und bald werden sich spinnwebenfeine Späne von Ihren Werkstücken heben. Vergessen Sie die Vorstellung von ‚Perfektion' und fangen Sie an, Dinge herzustellen. Holzgegenstände, die aus der gewerblichen Produktion stammen, lassen uns glauben, jede Oberfläche müsse vollkommen fehlerfrei sein. Das ist kein leicht zu erreichendes Ziel, wenn man nur mit Handwerkzeug arbeitet. Akzeptieren Sie also das ‚Charaktervolle' an Ihrer Arbeit und widmen Sie sich immer weiter dem Lernen.

ÜBER DEN AUTOR

Bevor er sich der Welt der Holzbearbeitung zuwandte, diente Vic Tesolin 14 Jahre in der Royal Canadian Horse Artillery. Nach seinem ehrenhaften Abschied lernte er im Rosewood Studio Möbelentwurf und -bau unter anderem bei Meistern ihres Faches wie Garrett Hack und Michael Fortune. Nach dieser Lehrzeit betrieb Vic ein eigenes Atelier und arbeitete weiter in Teilzeit als Lehrer und Handwerker für Rosewood, bevor er schließlich eine Stelle als Redakteur bei der Zeitschrift Canadian Woodworking annahm. Inzwischen hat Vic eine sehr angenehme Stelle als Technischer Berater für einen bekannten Hersteller von Holzbearbeitungsbedarf. Außerdem baut er in seiner minimalistischen Werkstatt, was er möchte, wann er möchte. Er betreibt auch die Internetseite MinimalistWoodworker.com, wo man seine neusten Projekte sehen und seinen Blog lesen kann.

DANKSAGUNGEN

Ich hatte das Glück, bei einigen der besten Handwerker unserer Zeit das Holzwerken zu erlernen. Ich werde immer dankbar dafür sein. Den größten Einfluss auf meine Arbeit mit Holz hat vielleicht Ron Barter von Rosewood Studios gehabt, wo ich Möbelentwurf und -bau gelernt habe. Ich habe viel von Ron gelernt (Gutes wie Schlechtes), aber vor allem habe ich gelernt, dass alles machbar ist, dass kein Fehler so groß sein kann, dass man ihn nicht korrigieren kann, und dass ein Single Malt Whisky nie fehl am Platz ist. Bei Lehrern wie Ron bin ich es zufrieden, ein Leben lang Lernender zu sein.

BEZUGSQUELLEN

Im Folgenden nennen wir einige Online-Shops, die qualitativ hochwertiges Werkzeug anbieten. Es gibt vielerorts auch noch lokale Werkzeughändler. Erkundigen Sie sich diesbezüglich vor Ort, z.B. bei anderen Holzwerkern, Tischlereibetrieben oder Holzhändlern.

Falls Sie im Internet bestellen wollen, finden Sie u.a. bei den folgenden Qualitäts-Anbietern eine große Auswahl an Handwerkzeugen, Schärfzubehör, Oberflächenmitteln etc.:

Feine Werkzeuge, Berlin
https://www.feinewerkzeuge.de/

Dictum, Metten
https://www.dictum.com/de/

Magma Tools, Aurolzmünster (Österreich)
https://www.magma-tools.com/de

Johann Tremml, Ashley Deutschland, Bad Kötzting
https://www.ashley.de/

Wolfknives, Landshut
https://www.feines-werkzeug.de

REGISTER

Schon fertig?

Hier finden Sie noch mehr Ideen für Ihre Leidenschaft!

HolzWerken – Feierabend-projekte

23 Projekte und Ideen für die eigene Werkstatt

Ob man Lust auf ein schnelles Erfolgserlebnis hat, ein individuelles Geschenk benötigt oder die (Holz-) Restekiste überquillt – Ideen für kleine Projekte kann man nie genug haben. In diesem Buch sind zahlreiche Artikel aus der Zeitschrift *HolzWerken* mit Ideen und detaillierten Projektbeschreibungen dieser Art zusammengestellt. Bei überschaubarem Aufwand an Zeit und Material kommen Sie zu tollen Ergebnissen.

ca. 120 Seiten, 21 x 29,7 cm, zahlreiche farbige Abbildungen, flexibler Einband

Best.-Nr. 20508

ISBN 978-3-86630-553-3

Auch als E-Book erhältlich: www.holzwerken.net/shop

Tom Fidgen

Werkstatt Unplugged

11 Projekte mit Herz, Hand und Hobel

Willkommen in der Werkstatt ohne Steckdose! Hier wird alles per Hand gemacht. Die einzigartige Sammlung von Projekten in diesem Buch reicht von einer Sägebank für die Werkstatt bis zu einem unverwechselbaren Karteikarten-Schrank im Retro-Stil, der umgearbeitet wird zu einem Aufbewahrungsschrank für Küchenutensilien. Es gibt Abschnitte über Klebestoffe und Oberflächenbehandlungen genau wie Anleitungen für den Bau von Handwerkzeugen – nur mit Handwerkzeugen.

ca. 240 Seiten, 21 x 29 cm, zahlreiche farbige Abbildungen, gebunden

Best.-Nr. 20505

ISBN 978-3-86630-551-9

Auch als E-Book erhältlich: www.holzwerken.net/shop

Marc Spagnuolo

Die Kombi-Methode

Maschinen und Handwerkzeuge perfekt abstimmen

Möbelbau mit Maschinen ist schnell und etwas seelenlos, mit Handwerkzeugen dagegen ist es eine langsame sinnliche Erfahrung? Dieses Buch macht Schluss mit dem Gegensatz und vereint beide Methoden: Effektiver Maschineneinsatz, wo sinnvoll und möglich, abgerundet und mit dem individuellen Touch von Handhobel und Co. Das Ergebnis sind individuelle und hochwertige Möbel, die in erstaunlich kurzer Zeit entstehen.

192 Seiten, 21 x 27,6 cm, durchgehend farbige Abbildungen, gebunden

Best.-Nr. 9174

ISBN 978-3-86630-716-2

Melanie Kirchlechner

Oberflächen behandeln

Grundwissen, Materialien, Techniken

Welche Lacke, Lasuren, Öle und Wachse sind wofür am besten geeignet? Dieses Buch klärt auf! Es bietet Orientierung bei irreführenden Namen und zeigt verständlich die Unterschiede der einzelnen Oberflächenmittel auf. Die Autorin veranschaulicht Schritt für Schritt, wie edle Oberflächenbehandlung auch mit einfachen Mitteln gelingt. Mit diesem Wissen gewappnet, ist der Weg zu perfekt veredelten Möbeln, Schnitzereien oder Drechselwerken für alle geebnet.

204 Seiten, 23,1 x 27,2 cm, durchgehend farbige Abbildungen, gebunden

Best.-Nr. 9180

ISBN 978-3-86630-709-4

Auch als E-Book erhältlich: www.holzwerken.net/shop

Fritz Spannagel

Der Möbelbau

(1954)

Spannagels bekanntestes Fachbuch „Der Möbelbau" ist auch heute noch aktuell und gefragt. Seine Bedeutung für die Praxis ergibt sich aus den vielen Arbeitsanleitungen, den erklärenden Abbildungen, den detaillierten Beschreibungen der Holzverbindungen und anderer Techniken der handwerklichen Holzverarbeitung. Das Handbuch richtet sich vor allem an Schreiner (Tischler), aber auch an Architekten sowie Lehrer und Liebhaber des Holzhandwerks.

21. Auflage, 368 Seiten, 22 x 29,6 cm, 1538 Abbildungen, gebunden

Best.-Nr. 1217

ISBN 978-3-87870-666-3

Reprint

HolzWerken –

Das Magazin für den Holzwerker

HolzWerken bietet auf prallen 64 Seiten, was Ihnen in der Werkstatt hilft – von Grundlagen bis zu fortgeschrittenem (Kunst-)Handwerk mit Holz. 7 Ausgaben im Jahr – auch als Kombi-Abo Print + Digital! Mit folgenden Themen in jedem Heft:

- Tischlern, Drechseln, Schnitzen
- Anleitungen und Pläne zum Bau von Möbeln und Vorrichtungen
- Tipps von erfahrenen Praktikern
- Wissenswertes über den Umgang mit Werkzeug, Maschinen und Material

HolzWerken – gehört in jede Werkstatt!
Jetzt informieren: www.holzwerken.net

Vincentz Network GmbH & Co. KG
HolzWerken
Plathnerstr. 4c
30175 Hannover

T +49 (0)511 9910-033
F +49 (0)511 9910-029
buecher@vincentz.net
www.holzwerken.net

Weitere Titel finden Sie im Online-Shop: www.holzwerken.net/shop